Geplanter Verlauf und Lageplan für den Damm Festland-Sylt.

Unterzeichnet:
Regierungsbaurat Dr. Ing. H. Pfeiffer und Regierungsbaumeister W. Mügge 2.Oktober 1924
Kreisarchiv Nordfriesland Husum 1924

Für Maren Christiansen-Thiessen

Dammbau nach Sylt

Von Klanxbüll bis Westerland

Eine Foto- und Quellensammlung von Jochen David

Husum

Alle Abbildungen aus: Sammlung Boy Thiessen, Morsum (soweit nicht anders gekennzeichnet)

Umschlaggestaltung unter Verwendung von Motiven aus dem Buch

Bibliografische Information der Deutschen Nationalbibliothek

Die Deutsche Nationalbibliothek verzeichnet diese Publikation in der
Deutschen Nationalbibliografie; detaillierte bibliografische Daten sind im Internet über
http://dnb.dnb.de abrufbar.

Gesamtherstellung: Husum Druck- und Verlagsgesellschaft
Postfach 1480, D-25804 Husum – www.verlagsgruppe.de
ISBN 978-3-96717-111-2

„Wir bitten Dich, o Herr, zwar nicht,
dass Schiffe stranden und umkommen
im Heulen des Sturms und im Rasen der See –
aber wenn schon es Deinem Ratschluss gefällt,
sie stranden zu lassen, dann, o Herr, führe
sie hier an den Strand zum Wohle der armen
Bewohner der Küste."

„So betete man jahrhundertelang auf den nordfriesischen Inseln, und so sprach man auch noch vor wenigen Jahrzehnten. Denn man schrieb längst das 20. Jahrhundert, als ein Pastor sein Kirchspiel verlassen musste, weil er sich weigerte, eben dieses Gebet mit seiner Gemeinde zu sprechen.

Das Heulen des Sturms, das Toben der See, die nimmt und gibt, haben die Insel Sylt und ihre Bewohner geprägt. Wer Sylt wirklich entdecken und verstehen will, der muss weiter gehen, als die Insel zu umrunden, weiter gehen, als sie kreuz und quer zu durchstreifen. Er muss in den Zeiten rückwärts wandern, muss das erleben, was die Insel und ihre Bewohner aus ihrer Geschichte heraus erklärt.

Sylt begreifen heißt aber auch, die Not und Verzweiflung kennenlernen, die die große Zeit des Walfangs mit sich brachte. In der das Meer auch hunderte von Syltern behielt, die den rettenden Strand vor Augen hatten."

(M. Stöver)

Aus: Wiebke u. Wolfgang Fey, Hans Jürgen Stöver, „Strandungen vor Sylt"

Inhaltsverzeichnis

Vorwort 9

Einleitung 10

1. **Viele Jahre vor dem Dammbau** 13
   Postverbindung, Eisbootfahrten, Thomas Selmer 13
   Sylter Dampfschiffahrt-Gesellschaft 15
   1855, Nordseebad Westerland 19
   1887, Theodor Storm besucht Sylt 21
   Fährhaus Munkmarsch 24
   Sylter Kurzeitung 27
   Hafen Munkmarsch u. Hoyerschleuse, Fotos 29
   1905, 50 Jahre Bad Westerland 33
   1855/56, Verzeichnis der Westerländer Hausbesitzer 33
   6. Juli 1912: Luftschiff auf Sylt 33
   Zeitzeugen berichten über den Ausbruch des Ersten Weltkriegs 36
   Ausbruch des Krieges macht Pläne für den Dammbau zunichte 38
   Insel Sylt durch zwei Reisewege mit dem Festland verbunden 39
   Art der Ausführungen dieses Dammbaues 39
   1917, Untersuchungen zur Wirkung des Dammbaues 40

2. **Der Dammbau** 41
   Das Wattenmeer 41
   Gezeitenströmungen 41
   Bauausführung 42
   Verkehr von und nach Sylt über Tondern-Hoyerschleuse 43
   1921/22, Werk und Lagerplatz in Klanxbüll 45
   1921/22, Die Festlandstrecke von Niebüll bis zum Seedeich bei Rodenäs 45
   1923, Frühjahr: Beginn mit dem Bau des Wattenmeerdammes 45
   Eimerbagger mit Spülpumpe wird eingesetzt 45
   Vortrieb des Dammes vom Festland 46
   Johanna Ruhsert – Eine Frau irrt übers Eis 47
   Sturmflut vom 30. August 1923 50
   Kleibodenabbau in der Wiedingharde für den oberen Teil des Dammkörpers, Fotos 50
   1924, neue Dammbaustrategie, mit Spundwand 56
   Schlußstelle des Dammes 62
   Das Abschneiden der Strömung 64
   Es muss auch von Sylt her vorgebaut werden 64
   Entwurf und Bau des Wohn- und Lagerplatzes Nösse, Fotos 65
   Baggerloch-Nösse, Fotos 69
   Löschbrücke vor der Nösse, aufwändige Spülleitung, Fotos 70

Trockenschüttung, der Damm hat 2 m über MHW erreicht, Fotos ... 73
1925/26, Baufortschritte ... 74
Zusammenschluss im hohen Watt, zwischen Wester Ley und Sylter Ley ... 76
Abdeckung des Dammes mit Ton ... 76
Böschungen des Dammes gepflastert und gesodet ... 77
Oktober 1926, schwere Belastungsprobe durch Sturmfluten ... 79
Dammbau- und Gleisarbeiter, Fotos ... 80
Baustelle Bahnhof Westerland, Fotos ... 86
Dammbaueinweihung am 1. Juni 1927 ... 87
Bahnhöfe Westerland, Morsum, Keitum und Wartehalle Tinnum ... 87
Der Reichsbahnzug und der erste Personenzug ... 89
Sylter Zeitung – Dammbauausgabe ... 90
1927 Empfang des Festzuges in Klanxbüll ... 94
Stationen des Reichspräsidenten auf Sylt ... 95
Die Bauherren ... 99
Programm der Festtage auf Sylt ... 100
Ehrung der Planer und Arbeiter des Hindenburgdammes ... 102

3. Boy Thiessen, Geschichte der Seefahrerfamilie Thiessen in Morsum ... 104

4. Geschichte der Familie Thomsen in Keitum ... 122
Hans Christian Thomsen und seine Werft in Munkmarsch auf Sylt von *Wilhelm Borstelmann* und *Dr. Daniel Ihonor* ... 122
Was hat der Sylter Damm gebracht ... 130
Mammutprojekt Hindenburgdamm ... 132
Zweigleisiger Ausbau ... 133

Anmerkungen ... 134

Quellen ... 136

Anhang ... 138

Ein Wort des Dankes ... 155

Vorwort

Dammbau – so heißt ein im Jahr 1930 veröffentlichter Sylter Roman der Schriftstellerin Margarete Boie (1880–1946). Nachdem 1927 der Bahndamm nach Sylt eröffnet worden war, setzte sich die Verfasserin literarisch mit den technischen Schwierigkeiten beim Bau und dem Widerstreit innerhalb der Inselbevölkerung zwischen Alt und Neu auseinander. Ingwert Paulsen, dem Verleger der Husum Druck- und Verlagsgesellschaft, ist es zu verdanken, dass der Roman in der von ihm verlegten Reihe „Nordfriesland im Roman" mit einem lesenswerten Nachwort der Wissenschaftler Arno Bammé und Thomas Steensen im Jahre 2012 nachgedruckt worden ist.

Mit der Foto- und Quellensammlung *Dammbau nach Sylt* legt Jochen David eine Materialsammlung vor, die wie eine illustrierende Ergänzung zu dem bekannten Roman gelesen werden kann und sollte. Alix und Ingwert Paulsen gebührt besonderer Dank dafür, die von Jochen David zusammengestellten Dokumente durch ihre Veröffentlichung breiteren Kreisen zugänglich zu machen und der Nachwelt zu bewahren.

Die vorliegende Veröffentlichung ist zugleich ein Zeugnis der tiefen Verbundenheit des Verfassers Jochen David mit der Insel Sylt und eine Erinnerung an den Morsumer Landwirt Boy Thiessen (1921–2009). Aus einem zunächst beruflichen Kontakt ergab sich eine persönliche Verbundenheit zwischen Jochen David und Boy Thiessen. Thiessen entstammte sowohl väterlicherseits wie auch mütterlicherseits alten Sylter Seefahrerfamilien. 1921 wurde er im Osten des Dorfes Morsum in einem alten Friesenhaus aus dem 18. Jahrhundert geboren, das er bis zu seinem Tod bewohnte. Als Kind erlebte Boy Thiessen den Dammbau und die damit verbundenen großen Umwälzungen für das Inselleben. Später dokumentierte er in einem Fotoalbum den Dammbau von den Anfängen bis zur Vollendung. Diese Fotosammlung zeigte Boy Thiessen, der wie alle Nordfriesen ebenso heimatverbunden wie weltoffen war, gern Interessierten und so ist auch Jochen David auf diesen Bilderschatz aufmerksam geworden. Diesen legt er nun – mit freundlicher Genehmigung der Erben von Boy Thiessen – kommentiert und ergänzt mit weiteren Dokumenten zur Geschichte des Dammbaus und zur Geschichte der Sylter Familien Thiessen und Thomsen der Öffentlichkeit vor. Wichtiges ergänzendes Material konnte David im Sylter Archiv und im Kreisarchiv Nordfriesland ermitteln sowie aus privaten Sammlungen erhalten.

Die Arbeit von Jochen David steht in der in Nordfriesland weit verbreiteten und immer noch lebendigen Tradition des Laienforschertums. Diesen Arbeiten verdanken wir ebenso wie zahlreichen wissenschaftlichen Veröffentlichungen vielfältige Erkenntnisse zur Geschichte Nordfrieslands. Jochen David und der Husum Druck- und Verlagsgesellschaft ist für einen lesens- und betrachtenswerten weiteren Beitrag zur Sylter Geschichte zu danken.

Kiel, im Januar 2022
Dr. Daniel Ihonor

Einleitung

1921 wurde mit den Vorbereitungen und dem ersten Spatenstich für den Bau der Bahnverbindung Niebüll – Westerland begonnen. 2027 feiert der Hindenburgdamm sein 100-jähriges Jubiläum. Ein gebührender Anlass, um auf das, für die damalige Zeit, gigantische Bauvorhaben zu blicken.

Wie war das Leben auf der Insel, wie gestaltete sich der Verkehr zwischen der Insel und dem Festland in der Zeit vor dem Bau des Dammes?

Vierzig Jahre meines Berufslebens war ich mit den Nordfriesischen Inseln und besonders mit der Insel Sylt verbunden. Interessiert hat mich die Geschichte der Nordfriesen. Motiviert wurde ich durch die Arbeiten des Sylter Heimatkundlers, Lehrers und Malers C. P. Hansen (1803–1879), der ja schon damals vorschlug, Sylt und das Festland mit einem Damm zu verbinden, und Gondel Wielandts Chronik der Insel und ihrer Menschen „Die Lassens von Sylt" und die Geschichten der nordfriesischen Grönlandfahrer. Auch die Entwicklung der Marschbahn von Altona bis Westerland lenkten meine Gedanken in Richtung Dammbau.

Ich habe mir bei meinen unzähligen Überfahrten nach Sylt oftmals vorzustellen versucht, unter welchen schwierigen Bedingungen man diesen Damm baute, die Lebensader für die Insel Sylt.

Es war im Frühjahr 1980, als ich in Morsum Hildegard und Boy Thiessen kennenlernte. Ich war auf der Suche nach einem Mietobjekt für einen Stützpunkt unserer Firma auf Sylt. Boy Thiessen hatte eine Lagerhalle zu vermieten, die aus den alten Stallungen entstanden war, als die Eigentümer noch von der Landwirtschaft lebten.

Schon bei unserem ersten Kennenlernen bemerkte ich, von welcher Liebe für seine Heimat Boy Thiessens interessante Erzählungen geprägt waren.

Die Chemie zwischen uns stimmte vom ersten Moment. Für das für uns geeignete Objekt wurde eine langjährige Vereinbarung geschlossen.

Fast 30 Jahre war ich geschäftlich und freundschaftlich mit dem Morsumer Boy Simon Thiessen und seiner Frau Hildegard verbunden.

Im Laufe der Jahre besuchte ich, besonders in der Saison, wöchentlich unser Mietobjekt und natürlich auch Familie Thiessen. Auch lernte ich noch die alte Mutter von Boy Thiessen kennen, bevor Caroline Thiessen geb. Thomsen im Jahre 1988 mit 103 Jahren verstarb.

Boy Thiessens Ehefrau Hildegard war 1945 mit zwei Geschwistern, Großeltern und ihrer Mutter, nach einer langen Flucht von Pommern nach Sylt gekommen. Der Vater von Hildegard war als Soldat auf dem Fliegerhorst Westerland stationiert und konnte so seine Familie nach Sylt holen. Boy und Hildegard Thiessen geb. Bruhs heirateten 1949 und im Jahr darauf erblickte die Tochter Maren das Licht der Welt.

Es sind jetzt über zehn Jahre vergangen, seit Boy und Hildegard Thiessen 2009 auf dem Morsumer Friedhof beigesetzt wurden. Bei der Trauerfeier lernte ich die Tochter, Maren Christiansen, kennen. Sie lebt schon seit vielen Jahren mit ihrer Familie in Hessen.

Seit vielen Jahren beschäftige ich mich mit Familienforschung.

In diversen Zeitungen und Büchern über Sylt fand ich oftmals Biographien über Boy Thiessen und seine Fotosammlung, die den gesamten Dammbau dokumentiert. Die Idee, diese Fotosammlung einer breiteren Öffentlichkeit zugänglich zu machen, kam mir Jahre danach, als mir ein netter Bericht von Frank Deppe in der Sylter Rundschau über Boy Thiessen, den Dammbau und seine Fotosammlung, in die Hände fiel. Der Grundstein, daraus ein Buch zu machen, war gelegt.

Maren Christiansen konnte ich von meiner Idee begeistern und sie überließ mir die Fotos und verschiedene Unterlagen aus der Sammlung ihres Vaters.

Boy Thiessens große, historische Fotosammlung vom Dammbau, Fotodokumente, von denen einige noch nicht in der Öffentlichkeit gezeigt wurden, sollten jetzt den Verlauf des Dammbaues veranschaulichen.

Jetzt ging es darum, die Fotos vom Dammbau und das Inselleben vor dem Bau zu erklären. Die Fotos mussten jetzt also „gerahmt" werden.

Ich traf bei meinen Recherchen auf viele interessante Menschen, fand auf Sylt noch Zeitzeugen, die aus der Kinderzeit und Erzählungen ihrer Eltern berichten konnten. Durch historische Zeitungsberichte, historische Veröffentlichungen und in Archiven befindliches Material konnte ein Bild der Geschichte des Dammbaus zusammengestellt werden.

Jochen David

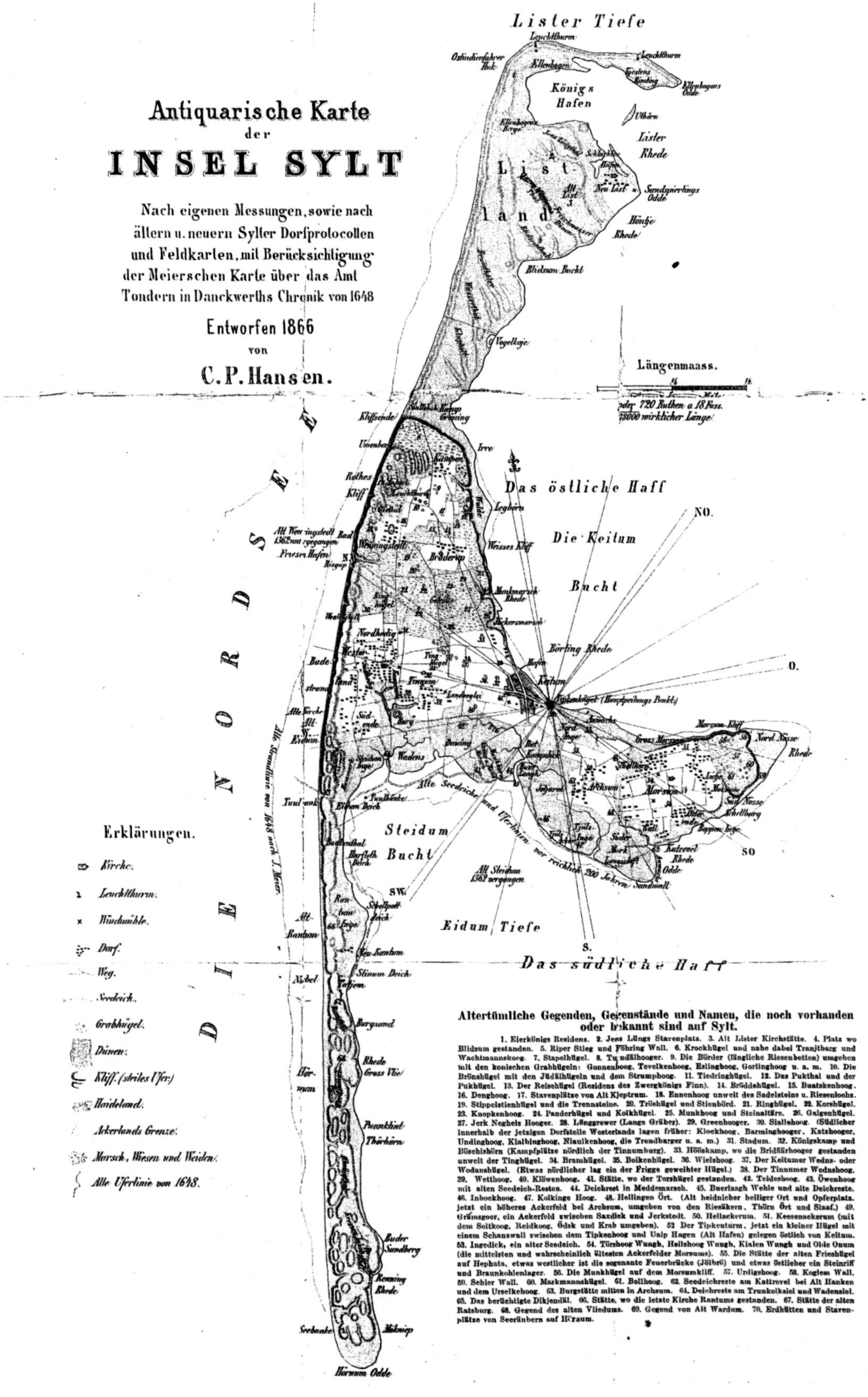

Skizze von Sylt entworfen 1866 von C. P. Hansen, Lehrer, Zeichner und Chronist der Insel Sylt.

Sylter Archiv, Westerlan

1. Viele Jahre vor dem Dammbau

„Wenn wir heute über den Hindenburgdamm fahren, können wir uns gar nicht vorstellen, wie es vor 150 Jahren war, als es den Damm noch nicht gab. Da war es noch ein Abenteuer, Sylt zu erreichen.

In den Aufzeichnungen aus früheren Jahrhunderten finden sich nur spärliche Angaben über die Verbindungen, die zwischen Sylt und dem Festland bestanden.

Die ersten Mitteilungen über die regelmäßige Verbindung stammen aus dem Anfang des 17. Jahrhunderts. Damals wurde zwischen Morsum und der Wiedingharde (südlich von Hoyer) eine Viehfähre errichtet. Erst um die Mitte des 18. Jahrhunderts wird eine Postfähre erwähnt, die zwischen Keitum und Emmerleff (nördlich von Hoyer) verkehrte. Diese Postfähre beförderte aber nur gelegentlich Postsachen (...) Im Jahre 1755 übernahm die Landschaft, eine Vereinigung der Sylter Gemeinden, die Beförderung der Postsachen. Die Landschaft stellte in Keitum einen Postschreiber an und übertrug die Beförderung der Post zwischen Sylt und dem Festland bestimmten Fährleuten.

Im Jahre 1855 wurde die erste staatliche Posteinrichtung in Keitum, dem damaligen größten Inselort, geschaffen. Seit Versandung des Keitumer Hafens in den 1860er Jahren erfolgte dann die regelmäßige Postbeförderung zwischen Sylt und dem Festland in Segelbooten von Munkmarsch nach Hoyerschleuse.

Auch für die friesischen Inselbewohner war es schwer, wenn sich das Wattenmeer, in den Wintermonaten, mit Eis angefüllt hatte, das Festland zu erreichen. Das Eis hemmte die Schifffahrt und war nicht stark genug, um die Fußgänger zu tragen. Man war dann wochenlang vom Festland abgeriegelt. Wenn bei Eisgang fast nichts mehr ging, kam die Zeit der Eisboote und der harten Männer. Sie sicherten die **Postverbindung** zwischen Sylt und dem Festland."

Auszüge aus der Dammbauausgabe Sylter Zeitung 1. Juni 1927. Von Postmann Klein. Sylter Archiv, Westerland.

Ein Eisboot auf dem Weg von Munkmarsch nach Hoyerschleuse.

„Eine ganz besondere Stellung nahmen die **Eisbootfahrten** ein. Wenn harter Frost das ganze Watt in eine Eiswüste verwandelte und die Schiffe in den Häfen eingeschlossen waren, dann traten die mutigen Männer der Eisbootbesatzung auf den Plan. Von Nösse, der Ostspitze Sylts, gingen sie ab und trafen sich auf halbem Wege mit den Leuten von Hoyer."

Dammbauausgabe Sylter Zeitung. Sylter Archiv, Westerland.

„So konnten wenigstens Post, Medikamente, kleine Päckchen und Zeitungen die Insel erreichen.

Die Postbeförderung durch ein Eisboot ab Nösse, auf einem Notgeldschein aus Morsum von 1921.

Mit welchen Gefahren diese Postschiffer, die fast alle Tage Leib und Leben riskierten, um ihre Aufgaben zu erfüllen, zu kämpfen hatten, schildert der fast wörtliche Bericht des Postschiffers **Thomas Selmer**.

Er war einer der erfahrensten Eisbootkapitäne, ein gutmütiger, wagemutiger, kräftiger Hüne.

Bis 1874 betrieb er den Post-und Fährverkehr zwischen Munkmarsch und Hoyerschleuse, baute eine Hafengaststätte, das heutige Hotel ‚Munkmarsch'. 1920 verstarb er im Alter von 83 Jahren. ‚Ein Mann dessen Gestalt unvergessen bleibt', sagte der Pastor an seinem Grab."

Plattbodenschiff – sehr geeignet für das flache Wattenmeer. Es wurde später vom Dampfschiff abgelöst.

(Ewer) Sammlung Lauritzen, Hamburg

Auszug aus: Sven Simon (Hg.), „Sylt. Abenteuer einer Insel". Verlag Hoffmann u. Campe.

Thomas Selmer wird 1866 Unternehmer für die Postbeförderung von und nach Sylt. Da wurden die Passagiere noch mit der Kutsche zum Schiff gefahren, das wegen des flachen Wassers weiter draußen ankerte. Der Fahrplan geriet oft wegen schlechten Wetters und des Tiden-

Eisbootfahrer vor dem Start zum Festland.

Postkarte aus dem Verlag Pickenhahn & Sohn.

Sylter Archiv, Westerland.

Rückkehr vom Festland nach Nösse.
Seit 1892 war das kleine Gebäude im Hintergrund die Hilfspoststelle für Eisbootfahrer auf Nösse. Dort gab es schon einen Telefonanschluss.

hubs aus dem Rhythmus. Manchem Fahrgast wurde während der langen Überfahrt speiübel.

Die Segelschiffe als Bindeglied zwischen Insel und Festland mussten bald dem Dampfschiff weichen.

Thomas Selmer verbindet Munkmarsch und die Hoyerschleuse mit den Dampfschiffen „Bismarck“ und „König Wilhelm“. Der steigende Verkehr stellte immer größere Ansprüche. Er schaffte es aber nicht, den Schiffsverkehr dem steigenden Bedarf anzupassen, somit ging seine Postkonzession an den Ziegeleibesitzer Clausen, der einen neuen Dampfer „Germania“ bauen ließ. Die „Germania“ übernahm die Sommerverbindung und während der Zeit vom 1. Oktober bis zum 1. Mai wurden wie bisher Segelschiffe eingesetzt. Bald aber sollte die „Germania“ dem gesteigerten Zuspruch auf die Sylter Bäder nicht mehr entsprechen.

Im Jahre 1882 wurde die **Sylter Dampfschiffahrt-Gesellschaft** gegründet.

„Diese nahm 1883 mit dem Dampfer ‚Sylt‘ die Fahrten auf. Der Konkurrenzkampf, der sich mit der Clausen Linie entspann, war nur kurz. Das Dampfschiff ‚Sylt‘ bot größere Bequemlichkeiten und entwickelte eine viel größere Fahrtgeschwindigkeit, so dass die neue Gesellschaft bald den ganzen Passagierverkehr an sich zog. Clausen zog es vor, sein Unternehmen aufzugeben, das nun für 28.000 M. von der Dampfschiffahrtgesellschaft übernommen wurde. (...)

An der Spitze der Gesellschaft stand als Direktor B. Kamp aus Kampen, dem im Vorstand Dirk Thiesen, E. P. Jansen, Jens Thiesen, D. B. Brodersen zur Seite standen. (...) Die Dampfschiffe ‚Sylt‘ und ‚Nordsee‘ wurden verkauft und die Dampfer ‚Frisia‘ und ‚Freya‘ traten ihren Dienst an. Die ‚Frisia‘ wurde im Jahre 1900 mit einem Kostenaufwand von 116 000 Mark, die ‚Freya‘ 1904 für 120 000 Mark erbaut. Im Jahre 1910 erfolgte eine Fusion mit der Sylter Dampfspurbahn. Der Erste Weltkrieg stellte durch Inanspruchnahme der Militärbehörden auch an die Sylter Dampfschiffahrtgesellschaft große Anforderungen.

Der Bericht des Postschiffers Thomas Selmer. Er zeigt unter welchen Bedingungen (1874) die Verbindung zum Festland erkämpft wurde.

Inselnachrichten.

Westerland, 24. November 1938.

Eine Eisbootfahrt vor 70 Jahren.

Bis zum 1. Juni 1874 hatte der verstorbene Rentier Thomas Selmer, der Hotel Munkmarsch im gleichnamigen Sylter Hafenort baute, die Postbeförderung zwischen Sylt und Hoyer vertraglich übernommen. Hiermit verbunden war die Personenbeförderung. In dieser Position führte er viele angenehme und auch unangenehme Reisen über das Wattenmeer aus mit seinen Kuttern, dem Dampfer „Bismarck“ und dem Eisboot. Als ausgezeichneter Wattenkenner und tüchtiger Seemann ließ er keine Möglichkeit unversucht, seinen Postbeförderungsvertrag zur Zufriedenheit der Bevölkerung zu erfüllen. Als Draufgänger war ihm fast kein Wetter zu schlecht, seine regelmäßige Tour durchzuführen. In den damals oft sehr strengen Wintern wurden diese regelmäßigen Verbindungen von Munkmarsch nach Hoyer durch Eis unterbunden. Er mußte dann zum Eisboot greifen und die Post nach drüben vermitteln. Wie außerordentlich beschwerlich und mit welchen ungewöhnlichen Strapazen diese Fahrten verbunden waren, ist noch bekannt aus den letzten Eisbootjahren, die vor 1927 liegen. Eine der Eisbootfahrten des alten Thomas Selmer war besonders verhängnisvoll. Wenn er nicht ein so tüchtiger Seemann und Wattenkenner gewesen wäre und wenn ihm nicht ein kerngesunder und derber Körper von Natur aus beschieden gewesen wäre, könnte solche Fahrt wohl kaum ohne Folgen überwunden werden.

Es war am 23. Januar 1868, als Selmer wieder einmal zum Eisboot seine Zuflucht nehmen mußte. Auf der Rückfahrt von Emmerleff (nördlich Hoyer) nach Munkmarsch war bei Jordsand sein großes Segelboot versackt. Gut vertäut und verankert, sollte es am nächsten Tag wieder gehoben werden. Da kam aus dem Osten der bereits schwach eingesetzte Winter mit zunehmender Stärke und legte schon in der Nacht eine stärkere Eisdecke über das Wattenmeer. Viel Wasser kam zur Flutzeit auch nicht, sodaß Selmer gedachte, am kommenden Tage mit dem Eisboot über Nösse nach dem Festlande die Post zu befördern. Zum Unglück war die Telegraphen-Verbindung gestört, sodaß er nach Hoyer von seiner Absicht keine Mitteilung machen konnte. Es konnte daher, wie es zu dieser Zeit schon üblich war, kein Boot von der anderen Seite entgegenkommen, sodaß der Postwechsel und die Rückkehr auch am selben Tage nicht erfolgen konnte. Unter diesen Umständen hielt er die Fahrt von Nösse aus ziemlich unsicher und wählte die Route Munkmarsch—Emmerleff mit dem großen Eisboot. Mit 3 Mann Begleitung legte er die beschwerliche Reise in 6 Stunden zurück und übernachtete drüben. Der nächste Morgen, der 23. Januar 1868, graute mit einem heftigen Südostschneesturm. Segel konnten nicht gesetzt werden. Mit Riemen mußten die 3 Mann den Kahn vorwärtstreiben. Durch den starken Winddruck von achtern schaffte es auch ganz gut, sodaß sie nach 1 Stunde bereits an der Stelle unmittelbar vor Jordsand eintrafen, wo das andere Boot vor 2 Tagen verlorengegangen war. Das gesunkene Fahrzeug war aber nicht mehr aufzufinden. Mittlerweile wurden die Wellen immer größer, je weiter sie ins Wattenmeer vorrückten und der Lister Tiefe näher kamen. Viel Wasser ging über, setzte eine 6—7 Zoll starke Eiskruste an den Bootsrumpf, und das Seewasser gefror im offenen Boot. Ein Lenzen war darum ausgeschlossen. Das Schwergewicht des Eisbootes wurde dadurch beträchtlich erhöht und der Rumpf tiefer gedrückt. Die Gefahr des Ertrinkens rückte nahe, wenn sie unter diesen Umständen sich weiter hinauswagten. Selmer entschloß sich daher, das Boot in das vor Jordsand gelagerte Eis hineinzuarbeiten und auf der kleinen Insel Jordsand Schutz zu suchen. Etwa 200 Schritt mußten noch zurückgelegt werden, bevor fester Boden erreicht war. Fast 12 Stunden, von morgens 8 Uhr bis abends 7.30 Uhr dauerte die Ueberwindung dieser kurzen Strecke Eisdecke. Mittels zusammengebundener Riemen, die aufs spröde Eis gelegt wurden, um das Boot zu tragen, schafften sie das Eisboot 3—4 Zoll bei jedem Ruck vorwärts. Dabei waren auf dieser unsicheren Unterlage über 16—20 Fuß Wassertiefe unter der Eisdecke. Wiederholt sausten sie bis an den Leib in den Bach, sich am Boot festklammernd. Kleider und Stiefel waren wie Bretter steifgefroren. Endlich hatten sie Jordsandsknack, ein Vorsand der Hallig, erreicht. Von hier aus suchten sie die Insel mit der kleinen Hütte mit dem Kompaß. Mit 2 Postsäcken und den Segeln gingen sie los und fanden auch bald die Schäferhütte. Selmer, der zum Glück noch 6 Reibhölzer in der Westentasche bei sich führte, konnte die Hütte durch Strohbrand soviel erwärmen, daß die verklamten Glieder wieder zu sich kamen: (Reibhölzer waren solche Zündhölzer, die sich durch Reiben an rauhen Gegenständen entzündeten). Eingemummt in den Segeln, hielten sie hier die Nacht durch. Während der Nachtzeit war das Eisboot abgesackt und verlorengegangen. Die drei Eisbootmänner entschlossen sich daher am nächsten Morgen um 7.30 Uhr nach Emmerleff zu Fuß zurückzuwaten. Die Ebbezeit war fast vorüber. Kaum auf dem Wege, begann das Wasser zu steigen. Dadurch wurde das Unternehmen sehr gefährdet. Auf Händen und Füßen über Eisberge kletternd, Priele bis an den Leib im Wasser durchwatend, erreichten sie nach 4 Stunden die Küste von Kohlby, nördlich Emmerleff. Die Flut folgte ihnen auf den Fersen auf der letzten Strecke. Die glückliche Ueberwindung dieser Strapazen, die aus Pflichtbewußtsein der Post gegenüber ausgehalten wurden, hatten die Beteiligten nur ihrer kernigen Natur zu verdanken.

Wir wissen, daß der alte Selmer ein besonders stemmiger und gesunder Mann war, der über enorme Körperkraft verfügte. Dieses Beispiel aus seiner Fahrzeit als „Fährmann", das Selmers schlimmste Wattenfahrt gewesen sein soll und die er deshalb niedergeschrieben hat, gibt einen Einblick in den schweren Lebenskampf der damaligen Zeit. Geschichtlich war es wohl die Wendezeit auf der Insel, die durch den langsam zunehmenden Fremdenverkehr die Bedürfnisse und Ansprüche der Inselbevölkerung erhöhte. In der Vorzeit hat man kaum von Eisbootfahrten erfahren. Wohl bestand eine Verbindung zwischen dem Festlande und der Insel, die in der günstigen Jahreszeit möglichst regelmäßig durchgeführt wurde. Auch gab es eine vertragliche Postverbindung. Von Eisbootverbindungen war aber in noch früherer Zeit niemals die Rede.

Sylter Archiv, Westerland, 1938

Dampfschiff „Sylt" der Sylter Dampfschifffahrt-Gesellschaft AG wurde 1883 in den Linienverkehr Hoyerschleuse – Munkmarsch/Sylt gestellt.

Archiv Daniel Ihonor

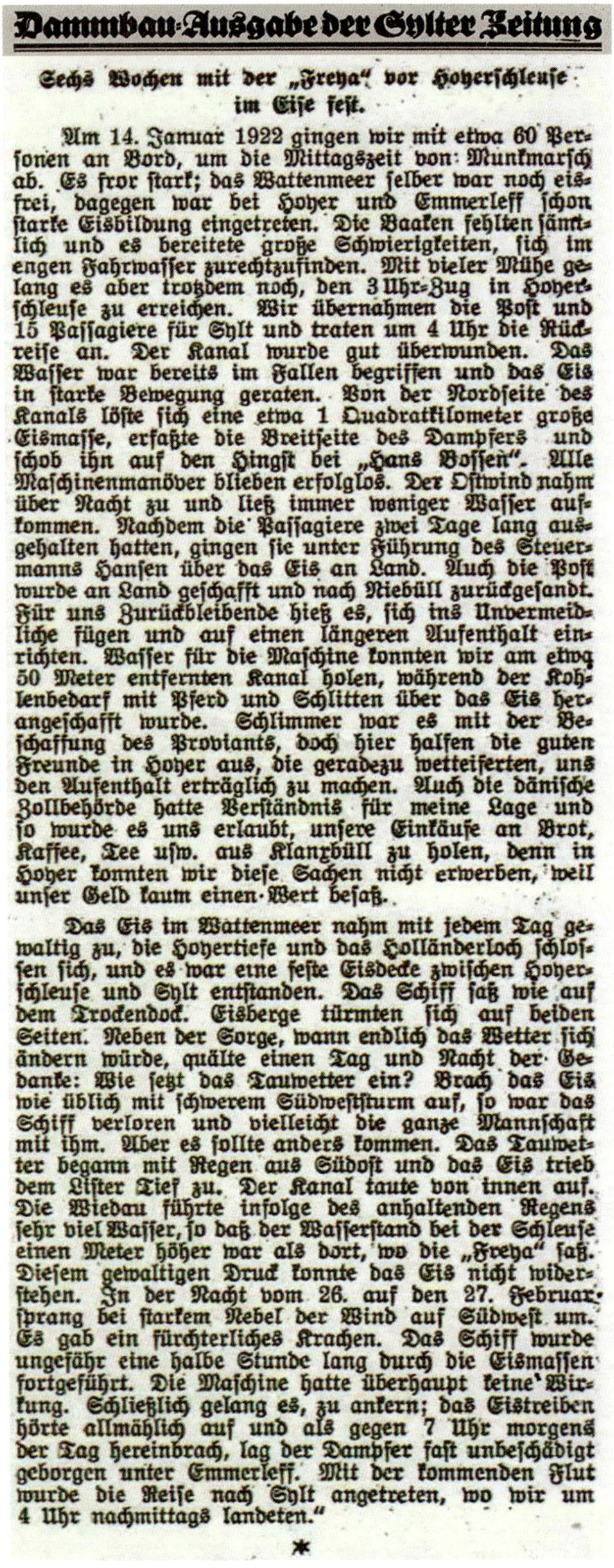

Dammbau-Ausgabe der Sylter Zeitung

Sechs Wochen mit der „Freya" vor Hoyerschleuse im Eise fest.

Am 14. Januar 1922 gingen wir mit etwa 60 Personen an Bord, um die Mittagszeit von Munkmarsch ab. Es fror stark; das Wattenmeer selber war noch eisfrei, dagegen war bei Hoyer und Emmerleff schon starke Eisbildung eingetreten. Die Baaken fehlten sämtlich und es bereitete große Schwierigkeiten, sich im engen Fahrwasser zurechtzufinden. Mit vieler Mühe gelang es aber trotzdem noch, den 3 Uhr-Zug in Hoyerschleuse zu erreichen. Wir übernahmen die Post und 15 Passagiere für Sylt und traten um 4 Uhr die Rückreise an. Der Kanal wurde gut überwunden. Das Wasser war bereits im Fallen begriffen und das Eis in starke Bewegung geraten. Von der Nordseite des Kanals löste sich eine etwa 1 Quadratkilometer große Eismasse, erfaßte die Breitseite des Dampfers und schob ihn auf den Hingst bei „Hans Bossen". Alle Maschinenmanöver blieben erfolglos. Der Ostwind nahm über Nacht zu und ließ immer weniger Wasser aufkommen. Nachdem die Passagiere zwei Tage lang ausgehalten hatten, gingen sie unter Führung des Steuermanns Hansen über das Eis an Land. Auch die Post wurde an Land geschafft und nach Niebüll zurückgesandt. Für uns Zurückbleibende hieß es, sich ins Unvermeidliche fügen und auf einen längeren Aufenthalt einrichten. Wasser für die Maschine konnten wir am etwa 50 Meter entfernten Kanal holen, während der Kohlenbedarf mit Pferd und Schlitten über das Eis herangeschafft wurde. Schlimmer war es mit der Beschaffung des Proviants, doch hier halfen die guten Freunde in Hoyer aus, die geradezu wetteiferten, uns den Aufenthalt erträglich zu machen. Auch die dänische Zollbehörde hatte Verständnis für meine Lage und so wurde es uns erlaubt, unsere Einkäufe an Brot, Kaffee, Tee usw. aus Klangbüll zu holen, denn in Hoyer konnten wir diese Sachen nicht erwerben, weil unser Geld kaum einen Wert besaß.

Das Eis im Wattenmeer nahm mit jedem Tag gewaltig zu, die Hoyertiefe und das Holländerloch schlossen sich, und es war eine feste Eisdecke zwischen Hoyerschleuse und Sylt entstanden. Das Schiff saß wie auf dem Trockendock. Eisberge türmten sich auf beiden Seiten. Neben der Sorge, wann endlich das Wetter sich ändern würde, quälte einen Tag und Nacht der Gedanke: Wie setzt das Tauwetter ein? Brach das Eis wie üblich mit schwerem Südweststurm auf, so war das Schiff verloren und vielleicht die ganze Mannschaft mit ihm. Aber es sollte anders kommen. Das Tauwetter begann mit Regen aus Südost und das Eis trieb dem Lister Tief zu. Der Kanal taute von innen auf. Die Wiedau führte infolge des anhaltenden Regens sehr viel Wasser, so daß der Wasserstand bei der Schleuse einen Meter höher war als dort, wo die „Freya" saß. Diesem gewaltigen Druck konnte das Eis nicht widerstehen. In der Nacht vom 26. auf den 27. Februar sprang bei starkem Nebel der Wind auf Südwest um. Es gab ein fürchterliches Krachen. Das Schiff wurde ungefähr eine halbe Stunde lang durch die Eismassen fortgeführt. Die Maschine hatte überhaupt keine Wirkung. Schließlich gelang es, zu ankern; das Eistreiben hörte allmählich auf und als gegen 7 Uhr morgens der Tag hereinbrach, lag der Dampfer fast unbeschädigt geborgen unter Emmerleff. Mit der kommenden Flut wurde die Reise nach Sylt angetreten, wo wir um 4 Uhr nachmittags landeten."

*

Dammbauausgabe der Sylter Zeitung, 1. Juni 1927
Sylter Archiv, Westerland

Die Dampfschiffahrt im Wattenmeer, ein Kapitel Sylter Seemannlebens.

In kurzen Abrissen wurde über die Entwicklung der Dampfschiffahrt im Wattenmeer berichtet. Aber damit konnte noch nicht wiedergegeben werden, welche Rolle diese Fahrten im ganzen öffentlichen Leben der Insel spielten. Da waren die persönlichen Beziehungen, die sich im Laufe der Jahre gebildet hatten. Wer in Hoyerschleuse den Dampfer betrat, der fühlte sich schon bald zu Hause, wenn er bekannte Gesichter unter der Schiffsbesatzung wieder begrüßen konnte und wenn die Schaufeln der Raddampfer peitschend das Wasser schlugen, jedem Heimkehrer ein unendlich vertrautes Geräusch. Weil die Führer und auch die Besatzung der Schiffe immer Insulaner waren, ließ dieses Vertrauen an Bord aufkommen. (...)

Da waren die Kapitäne der Dampfer, die Jahrzehnte mit sicherer Hand, an schönen Sommertagen, wo die Schiffe den Strom der Reisenden kaum zu fassen vermochten, und auch in rauen Herbst- und Wintertagen, wenn der Weststurm die Wassermassen ins Watt jagte oder eisiger Ostwind den Wasserstand zurückdrängte, dass selbst die flachen Wattdampfer kaum durchkommen konnten. Wo man auf Sylt Namen von gutem Klang nennen wird, da werden auch sie nicht fehlen, die Kapitäne Lorenz Cornelsen, Albert Klein, Carl Christiansen, Peter Christiansen Ewald und Fritz Hansen. So manche Erinnerung lebte in diesen Namen und Fahrten, die an den Seemanns-

Die Besatzung der „Freya" (Sitzend von links: Frau Marie Hansen, Maschinenmeister August Hansen, Kapitän Carl Nicolai Christiansen, Steuermann Adolf Hansen. Stehend von l. n. r.: Matrose Magnus Jacobsen, Matrose Andreas Gerdsen, Leichtmatrose H. Thiesen, Frl. Tuti Jürgensen, Heizer A. Abeling und Frl. Jenny Callesen. Sammlung Gerd Uwe Detlefsen

geist erinnern, der in früheren Jahren den Ruf der Sylter Seefahrer über alle Weltmeere trug."

Auszüge aus der Dammbauausgabe der Sylter Zeitung. 1. Juni 1927. Von Paul Meyer, Westerland.

Als Hoyer nach der Volksabstimmung 1920 dänisch wurde, mussten die Waren und Passagiere von der dänischen Grenze bis Hoyerschleuse in verplombten Zügen („Zollverschluss") also durch das dänische Hoheitsgebiet transportiert werden. Dieser Umstand und die Beschwerlichkeit der Seereise waren auch Gründe für den Bau des Hindenburgdammes.

Kapitän Carl Christiansen, ein Sylter Urgestein, der alle Meere befahren hatte, berichtet von einer außergewöhnlichen Fahrt mit der „Freya" im Wattenmeer (siehe Abb. S. 18).

Kapitän Carl Nicolai Christiansen wurde 1864 in Westerland geboren. Er brachte es mit 27 zum Kapitän bei der Ost-Afrika-Linie. 1902 kehrte er auf seine Heimatinsel zurück und heuerte bei der Sylter Dampfschifffahrt-Gesellschaft an.

Er steuerte die Raddampfer zwischen Hoyer und Munkmarsch. Als nach 25 Jahren 1927 der Hindenburgdamm eröffnet wurde und damit die neue Verbindung nach Sylt wurde, stellte die Sylter Dampfschifffahrt-Gesellschaft die Linie ein. „Käpt'n Corl" wurde von der Kurverwaltung als Fremdenführer übernommen. Auch aus dieser Tätigkeit sind von ihm lustige Geschichten überliefert.

1855 war Sylts große Stunde gekommen, das **Nordseebad Westerland** wird gegründet. Es reisten die ersten Badegäste auf die dänische Insel und mit ihnen eine neue Welt, eine neue Zeit. Westerland wird Sommerfrische. Der Zustrom der Fremden stieg von Jahr zu Jahr. 1856 waren es 100 Badegäste, die nach

Die „Freya“ 1904 im Wattenmeer. Sie wurde 1904 auf der Hamburger Werft Schiffswerft & Maschinenfabrik (vormals Janssen & Schmilinsky) AG gebaut. Dort lief sie am 20. Mai vom Stapel und wurde an die Sylter Dampfschiffahrt-Gesellschaft (DSG) übergeben. Länge 35,44 m und Platz für 475 Gäste. Heimathafen war Munkmarsch. Sie fuhr auf der Route Hoyerschleuse – Munkmarsch. Sammlung Gerd Uwe Detlefsen

Westerland kamen, 1863 wuchs ihre Zahl auf 1800. 1895 waren es bereits 10 000.

„Die Sylter waren sehr gastfrei, man sträubte sich zunächst, von den Fremden für Unterkunft und Verpflegung Geld zu nehmen. Sie begriffen aber schnell, daß hier ein lohnender Erwerbszweig entstand.“

„1872 verkaufte die Gemeinde Westerland das Seebad Westerland für 21 000 Thaler an Hotelier Friedrich A. Haberhauffe. Er investierte in das Seebad und verkaufte es nach 12 Jahren mit beachtlichem Gewinn an Dr. Julius Adrian Pollaczek für 365 000 Mark.“

Zitate aus Gondel Wielandt: „Die Lassens von Sylt“, 1974.

Heute: Die „Freya“ der Adler Reederei, Westerland. Dieses Foto entstand 2015 von Bord der „Victoria“ DFDS SEAWAYS, auf dem Weg nach Litauen. Foto: Jochen David

Westerland, Strandstraße 1890

Foto: Paul Ebe Nickelsen Sylter Archiv, Westerland

„Dr. Pollaczek wurde Kurdirektor und mit ihm verdreifachte sich die Gästezahl. 1888 baute er die Inselbahn vom Munkmarscher Hafen nach Westerland. Die Endstation war der Ostbahnhof, der sich zum Ausgangspunkt der Kurgäste auf dem Weg zum Strand entwickelte. Der Weg wird zur ‚Strandstraße', der Straße mit den meisten Cafés und Geschäften des Bades.

Sylt war in den letzten Jahren in den Ruf gekommen, ein gesundheitsförderndes Klima zu besitzen.

Im Sommer 1887 besucht Theodor Storm mit Tochter Lucie, auf Einladung von Dr. Adrian Pollaczek, die Insel. Es war Storms erste Reise nach Sylt, obwohl für ihn als gebürtigen Husumer Sylt vor seiner Haustür lag. 1844 hatte er sich, als junger Rechtsanwalt, schon mit dem Keitumer Lehrer, Organisten und Heimatforscher C. P. Hansen verabredet, um von ihm Sylter Sagen zu bekommen, die für eine mit Theodor Mommsen geplante Sagensammlung von Inte-

Theodor Storm mit seiner Tochter Lucie und Freunden am Strand von Sylt im August 1887: Christoph Tiedemann, Dr. Adrian Pollaczek, Theodor Storm, Lucie Storm, Ferdinand Tönnies, Elwin Paetel.

Fotograf: Paul Ebe Nickelsen.

Sylter Archiv, Westerland

resse waren. C. P. Hansen war acht Jahre zuvor verstorben.

Von Hademarschen nach Husum, über Flensburg nach Tondern, dann mit der Kutsche nach Hoyer und einer stürmischen Überfahrt von Hoyerschleuse nach Munkmarsch, von dort, mit der Kutsche, trifft er abends in Westerland ein. Er wohnt bei seinem Freund Dr. Pollaczek, dem Besitzer des Seebades Westerland. In diesem Sylturlaub skizziert Storm den Stoff zur ‚Sylter Novelle', die allerdings unvollendet bleibt. Storm starb ein Jahr später."

Aus: Karl Ernst Laage, „Theodor Storms letzte Reise und seine Sylter Novelle"

Carl Berenberg schreibt 1884 in seinem Buch „Die Nordsee-Inseln an der deutschen Küste nebst ihren See-Badeanstalten": „Nach der schleswigschen Insel Sylt, welche nördlich von Föhr liegt, gelangen die Reisenden auf der Eisenbahn von Hamburg über Neumünster nach Tingleff, wo sich die Bahn nach Tondern abzweigt. Die Strecke misst 216 Kilometer und kann in 6 1/2 Stunden zurückgelegt werden (...) Von Tondern besteht Wagenverbindung nach dem westlich gelegenen, etwa 14 Kilometer entfernten Küstenorte Hoyer. Die Wagenbeförderung der mit direkten Billets versehenen Passagiere ist dem Eigentümer des Hotels ‚Stadt Hamburg' in Tondern, H. Andresen von der Königl. Eisenbahndirektion übertragen.

Die Landstraße nach Hoyer führt über große Wiesen, auf denen Viehherden fett geweidet werden. Bei Mögeltondern geht die Straße am Schloss des Grafen Schack vorüber. In etwa 1 1/4 Stunde ist Hoyer erreicht (Gasthof zur Stadt Tondern), doch müssen die Passagiere beinahe eine Viertelstunde bis zur Schleuse fahren, um nach dem Anlegeplatz der Dampfschiffe zu kommen. (...)

Nach der Insel Sylt fahren die recht komfortablen Post- und Passagierdampfer ‚Germania', ‚Sylt' und ‚Vorwärts' in 2 Stunden über das Watt nach der Insel. Anfangs geht die Fahrt in etwas nördlicher Richtung im Hoyer Kanal und der Hoyer Tiefe nach dem nördlichen Ende der Insel Sylt, doch richtet sich das Schiff etwas auf der Hälfte zwischen dem

Kutschen vor dem Hotel „Stadt Hamburg" in Tondern, die auf Badegäste zur Weiterfahrt nach Hoyerschleuse warten

Aus: Hans Bock, Mit der Marschbahn nach Altona und Westerland Sammlung Haselbach

Ankunft der Passagiere in Munkmarsch und Weiterfahrt nach Westerland. Hier sieht man auf der linken Seite schon ein Dampfschiff zwischen den vielen Segelschiffen anlegen. Holzstich um 1880
Storm Archiv, Husum.

Festlande und der Insel, wo die großen Austernbänke unter der Oberfläche des Wassers auf dem Meeresgrunde sich befinden, den Kurs nach Südwest, wo bei der Landungsbrücke in Munkmarsch Wagen bereit stehen, um die Passagiere weiter zu befördern. Die Fahrt mit den Dampfschiffen, welche täglich hin und zurückfahren, dauert ungefähr 2 Stunden. Die Fahrpläne, welche selbstverständlich auch hier auf Ebbe und Flut eingerichtet werden müssen, werden jährlich bekannt gemacht und können von der Badeverwaltung in Westerland bezogen werden. In Munkmarsch besteigen die Reisenden die haltenden Wagen und gelangen in $^1/_2$–$^3/_4$ Stunden nach dem in westlicher Richtung gelegenen Badeorte Westerland.

Direkte Billets werden ausgegeben in Berlin, Braunschweig, Dresden, Halle, Hamburg, Lei-

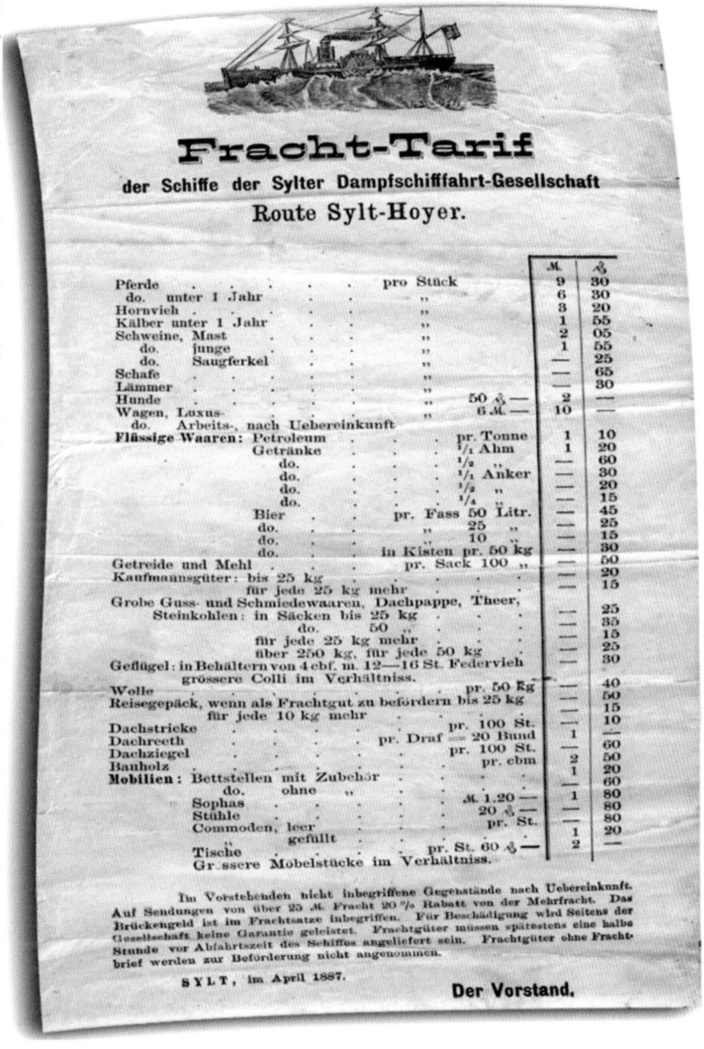

Fracht-Tarif

der Schiffe der Sylter Dampfschifffahrt-Gesellschaft

Route Sylt-Hoyer.

		ℳ	₰
Pferde	pro Stück	9	30
do. unter 1 Jahr	„	6	30
Hornvieh	„	3	20
Kälber unter 1 Jahr	„	1	55
Schweine, Mast	„	2	05
do. junge	„	1	55
do. Saugferkel	„	—	25
Schafe	„	—	65
Lämmer	„	—	30
Hunde	„ 50 ₰ —	2	—
Wagen, Luxus-	„ 6 ℳ —	10	—
do. Arbeits-, nach Uebereinkunft			
Flüssige Waaren: Petroleum	pr. Tonne	1	10
Getränke	1/1 Ahm	1	20
do.	1/2 „	—	60
do.	1/1 Anker	—	30
do.	1/2 „	—	20
do.	1/4 „	—	15
Bier	pr. Fass 50 Litr.	—	45
do.	„ 25 „	—	25
do.	„ 10 „	—	15
do.	in Kisten pr. 50 kg	—	30
Getreide und Mehl	pr. Sack 100 „	—	50
Kaufmannsgüter: bis 25 kg		—	20
für jede 25 kg mehr		—	15
Grobe Guss- und Schmiedewaaren, Dachpappe, Theer, Steinkohlen: in Säcken bis 25 kg		—	25
do. 50 „		—	35
für jede 25 kg mehr		—	15
über 250 kg, für jede 50 kg		—	25
Geflügel: in Behältern von 4 cbf. m. 12—16 St. Federvieh		—	30
grössere Colli im Verhältniss.			
Wolle	pr. 50 kg	—	40
Reisegepäck, wenn als Frachtgut zu befördern bis 25 kg		—	50
für jede 10 kg mehr		—	15
Dachstricke	pr. 100 St.	—	10
Dachreeth	pr. Draf = 20 Bund	1	—
Dachziegel	pr. 100 St.	—	60
Bauholz	pr. cbm	2	50
Mobilien: Bettstellen mit Zubehör		1	20
do. ohne „		—	60
Sophas	ℳ 1.20 —	1	80
Stühle	20 ₰ —	—	80
Commoden, leer	pr. St.	—	80
„ gefüllt		1	20
Tische	pr. St. 60 ₰ —	2	—
Grössere Möbelstücke im Verhältniss.			

Im Vorstehenden nicht inbegriffene Gegenstände nach Uebereinkunft. Auf Sendungen von über 25 ℳ. Fracht 20 % Rabatt von der Mehrfracht. Das Brückengeld ist im Frachtsatze inbegriffen. Für Beschädigung wird Seitens der Gesellschaft keine Garantie geleistet. Frachtgüter müssen spätestens eine halbe Stunde vor Abfahrtszeit des Schiffes angeliefert sein. Frachtgüter ohne Frachtbrief werden zur Beförderung nicht angenommen.

SYLT, im April 1887.

Der Vorstand.

Fracht-Tarife der Schiffe der Sylter Dampfschiffahrt-Gesellschaft Route Sylt – Hoyer aus dem Jahre **1887**
Archiv Wilhelm Borstelmann, Keitum

zig, Lübeck, Magdeburg und auf den schleswig-holsteinischen Hauptstationen."

Mit welchen Strapazen es verbunden war, Sylt zu erreichen, hatte auch **Theodor Storm** erleben müssen.

„Ein Kurgast, Börries von Münchhausen, schreibt darüber:

Zu der Zeit war das Reisen noch nicht so bequem, und die Fahrt nach Sylt nicht angenehm. Nachdem ich in Hamburg die Nacht schon blieb, da Bäderschnellzüge noch nicht in Betrieb, gehörte es nicht zu den heiteren Dingen, in Tondern auch noch die Nacht zu verbringen. Jedenfalls tat man das Wirtshaus nicht lieben, und wer es nicht braucht, ist nicht dageblieben. Am anderen Tag eine Wagenreise auf stoßenden Wegen nach Hoyerschleuse. Hier ist man auf das Schiff gekommen und seekrank herüber nach Sylt geschwommen, wo dann, wer nicht schwerer war als ein Sack, getragen wurde Huckepack, bis hochgeräderte Wagen und Karren zum Schiffe konnten ins Wasser fahren. Dann wurden die Menschen, meist ohne Schaden, auf andere, gewöhnliche Wagen geladen, und fuhren in langsam, gemütlichem Trab von Munkmarsch nach Westerland hinab; Ließen ihre Sachen im Strandhotel und suchten sich eine Wohnung schnell."

Aus: Gondel Wielandt, „Die Lassens von Sylt". Eine Chronik der Insel und ihrer Menschen.

Fahrplan der Post- und Passagierdampfschiffe „Sylt" und „Westerland" aus dem Jahr 1893 Sammlung: Marien Hotel Sylt, Westerland

„1894 hatten Friedrich und Dorothea Nann das **Fährhaus Munkmarsch** übernommen.

Von hier, jetzt nicht mehr mit der Kutsche, begann der letzte Teil der Reise, mit der Inselbahn von Munkmarsch nach Westerland. Im Mai 1888 wurde unter der Leitung des Flensburger Kleinbahndirektors Emil Kuhrt mit dem Bau der 4,2 km langen Strecke, Munkmarsch – Westerland, begonnen."

Aus: Westerland 100 Jahre Stadt, 150 Jahre Bad, 2005.

„Das 1905 zur Stadt gewordene Westerland macht einen guten Eindruck. Die Häuser, welche wir zuerst treffen, sind die sauber gehaltenen Wohnungen von Alt-Westerland, das mit Süderende noch den Charakter des Friesendorfes bewahrt hat. Sie sind zumeist von früheren Seefahrern erbaut. Vor ihnen liegt ein durch einen Wall umfriedigter Garten, den einige Sträucher und Bäume zieren, so daß die blanken Fenster der Häuser meistens hinter Grün versteckt sind. Weiter westwärts treffen wir vorwiegend zweistöckige Gebäude, den neuen Stadtteil, der erbaut ist, seit

1905: Fahrplan zwischen Hoyerschleuse und Munkmarsch, es fahren die Dampfer „Freya", „Frisia" und „Westerland"
Plakat: Kunstanstalt F.W. Kähler Erben, Hamburg für Sylter Dampfschifffahrt-Gesellschaft A.G.

Sammlung: Marien Hotel Sylt, Westerland.

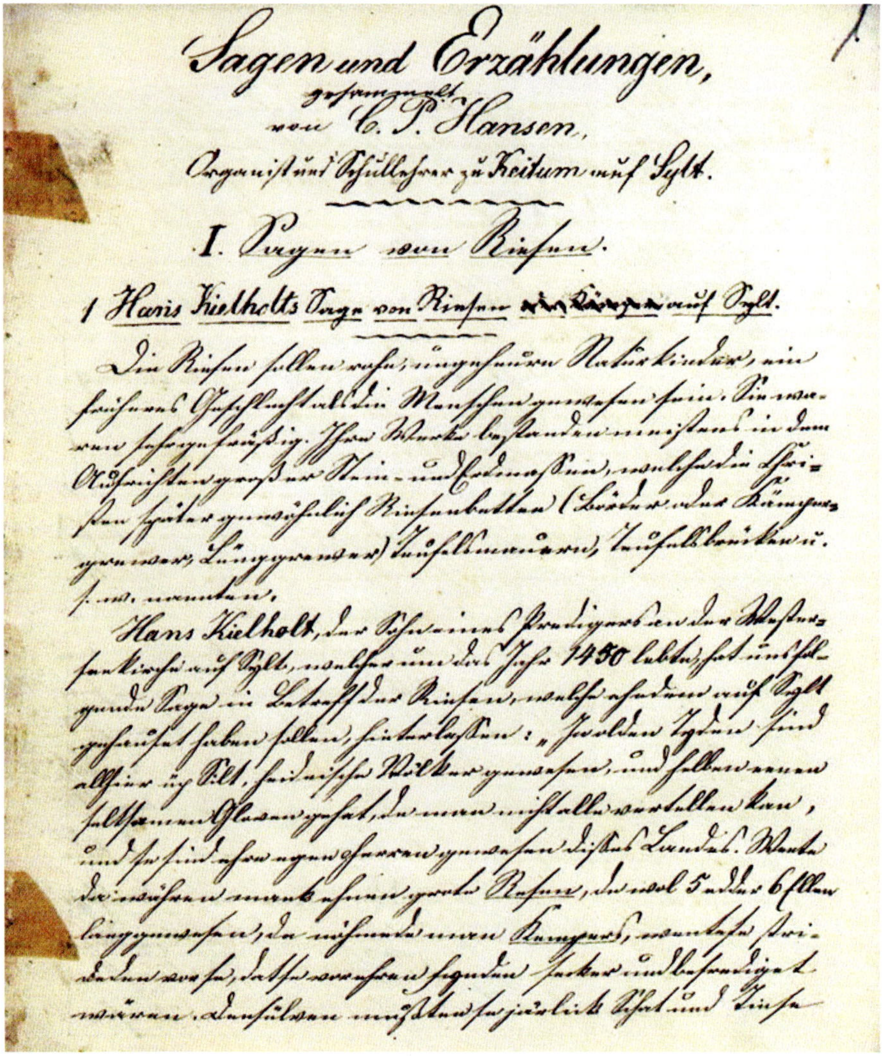
Sagen und Erzählungen,
gesammelt
von C. P. Hansen,
Organist und Schullehrer zu Keitum auf Sylt.

I. Sagen von Riesen.

1 Hans Kielholts Sage von Riesen auf Sylt.

Seite aus dem handschriftlichen Manuskript der Sylter Sagen von C. P. Hansen, das er Storm und Müllenhoff für deren Sagensammlung zur Verfügung stellte: „Sagen und Erzählungen gesammelt von C. P. Hansen, Organist und Schullehrer zu Keitum auf Sylt. 1. Sagen von Riesen“. Weitere Sylter Sagen von C. P. Hansen: „Pidder Lüng“, „Niß Ipsen“, „Der Dikjendälmann“, „P. C. Lund und Maiken Peter Ohm“, „Das Licht der treuen Schwester“

Karl Müllenhoff, Nr. 6, Manuskript C. P. Hansen

HU UA, NL

Archiv Humboldt-Universität, Berlin

Westerland Seebad wurde. Viele dieser neuen Häuser zeichnen sich durch hübsche Gartenanlagen aus, obwohl es schwer wird, die Bäume gegen den scharfen Nordwest, der im Frühjahr und Herbst von See herüberweht, emporzubringen. Der Zug brachte uns zum Ostbahnhofe und zum Kurhaus, dem Zentrum Westerlands. Ganz in der Nähe ist das Postamt. Fast gleichzeitig mit uns ist auch mit der Südbahn ein Schwarm von Syltbesuchern eingetroffen. Sie sind über den Seeweg mit dem Schnelldampfer der ‚Hamburg-Amerika-Linie‘ (Seebäderdienst) bei der 1901 von der Nordseelinie an der Sylter Südspitze erbauten Seebrücke gelandet. Nach einer genußreichen Seefahrt, auf der sie den von Schiffen belebten Elbstrom, Cuxhaven und das Felseneiland Helgoland kennen gelernt haben und an Amrum und den Halligen vorübergefahren sind, hat sie der Zug der Sylter Südbahn in halbstündiger Fahrt durch die interessanten Dünenpartien Hörnums hierher gebracht. (...) Wir haben uns vorher eine Wohnung gesichert und treten, freundlich bewillkommnet, ein. In kurzer Zeit dampft schon der Kaffee (...) vor uns auf dem Tische; es wird uns behaglich in diesen Räumen, und wir erholen uns bald von den Strapazen der Reise. Unser erster Ausflug gilt dem Badestrande, den wir in fünf Minuten erreichen."

Aus: Christian Jensen, Die Nordfriesischen Inseln, Sylt, Föhr, Amrum, Helgoland und die Halligen, 1927.

Sylter Kur-Zeitung

Nr. 24. | Westerland, Mittwoch, den 10. August 1887 | 2. Jahrg

Redaktion, Druck und Eigenthum der Seebade-Direction, Westerland.

Fremden-Liste.

Monat u. Tag der Ankunft.	Namen, Stand und Wohnort der Kurgäste.	Personenzahl.	Logis.
August 6.	Frl. Olga Andersen, Antwerpen	1	M. J. Lassen.
	Herr Hermann Ottens mit Familie, Fabrikbesitzer, Itzehoe	5	do.
	" F. G. Schade, Kaufmann, Neustrelitz	2	Helfrich.
	" Oswald Oehler, Lackfabrikant, Merane, Sachsen	1	H. Schultz.
	" Dr. P. Böttcher und Frau, Arzt, Dessau	2	Hotel Germania.
	" Dr. Lahm, Redakteur, Wiesbaden	1	do.
	" Dr. Frey mit Familie, Frankfurt a. M.	4	do.
	" J. C. Meyer, Kaufmann, Hamburg	1	Dünenhalle.
	" Dr. med. Gerber, Sanitätsrath, Hannover	1	A. C. Boysen.
	" Dr. Kirchner und Tochter, Pfarrer, Kl. Ammensleben b. Magdeb.	3	Villa Roth.
	" Reinhold Behnisch, Baumschulenbesitzer, Dürrgoy b. Breslau	2	Thiesen u. Brodersen
	" Alfred Ree mit Familie, Kaufmann, Hambueg	3	do.
	" Liba, Geh. Finanzrath, Berlin	2	Brügmann.
	Frau von Gücken, geb. von Gordon, und Tochter, Gutsbesitzerin, Godenswege in Mecklenburg	2	Wünschmann.
	" A. Pollaschke und Tochter, Beamtenfrau, Breslau	2	Joh. A. Janssen.
	Herr F. Kellner, Rentier, Potsdam	1	do.
	Frau C. Finck und Enkelin, Altenwärder bei Hamburg	2	E. Duus.
	Frl. Louise Rhode, Berlin	1	Hotel Victoria.
	Herr S. Claussen, Altona	1	do.
	" Dr. Kayser und Frau, Staatsanwalt, Beuthen	2	do.
	" Hülle, Prediger, Berlin	1	do.
	" Otto Bornhausen, Fabrikant, Mannheim	1	Hotel Royal.
	Frau Superintendent Sievers und Tochter, Gr. Berkel	2	Hotel Stadt Hamburg.
	Herr Hans Schottelius m. Familie, Ingenieur, Braunschweig	3	
	" Reinhold Ortmann mit Familie, Schriftsteller, Berlin	3	B. A. Boysen.
	" Dr. Ignaz Acsády, Privatier, Budapest	1	Kurhaus.
	" C. Bendix, Rentier, Hamburg	1	Schwarz.
	" Carl Helm und Frau, Baumstr., Dresden	2	Hotel z. D. Kaiser.
	" Holzmann und Frau, Gastwirth, Berlin	2	do.
	" B. Thramigk, Kaufmann, London	1	do.
7.	" Beetz, Rechtsanwalt, Schwerin i. M.	1	Hotel Victoria.
	" stud. theol. Arthur Selle, Liegnitz	1	H. Schultz.
	" A. Weiser, Kaufmann, Hamburg	1	Chr. Brink.
	" Justizrath Hänel, Rechtsanwalt, Dresden	3	Joh. Möller.
	" Arthur Friedlaender, Kaufmann, Hamburg	1	P. Deutscher.
	" Felix Friedlaender, do. Dessau	1	do.
	" Simon und Frau, Hadersleben	2	Chr. Nielsen.
	Frl. W. Louwenkerz, Chemnitz	1	do.

Zusammen 67 Personen

Auf der Fremdenliste der Sylter Kur-Zeitung konnte man lesen, wer sich gerade im Seebad Westerland aufhielt.

Monat u. Tag der Ankunft.	Namen, Stand und Wohnort der Kurgäste.	Personen-zahl	Logis.
August 7.	Herr F. May, Kaufmann, Hamburg	1	Chr. Nielsen.
	„ J. F. Ovenhage Berlin	1	do.
	„ Paul Jordan, Ober-Ingenieur, Berlin	1	Villa Roth.
	Frau Jordan mit Töchter, Rentier, do.	4	do.
	Herr Max Roth und Frau, Rechtsanwalt, Döbeln, Sachsen	2	Rentmstr. Janssen.
	„ F. C. Meyer, Kaufmann, Hamburg	1	do.
	„ Kühnel, Major, Torgau	1	do.
	„ Wilh. Autenrieth und Sohn, Stuttgart	2	Hotel Victoria.
	Frau Collani und Töchter, Berlin	3	Strand-Hotel.
	Herr Theodor Schaaf und Sohn, Gutsbes., Winzingen, Rheinpfalz	2	A. C. Boysen.
8.	Frls. J. und B. Schiff, Hamburg	2	P. Deutscher.
	Herr Emil Mayer mit Familie und Bedienung, Fabrikant, Mannheim	7	Hotel Royal.
	Frl. Josephine Meckelstädter, Mannheim	1	do.
	Herr M. Henschke, Beamter, Berlin	1	Joh. A. Janssen.
	„ Cornelius Trimborn u. Tochter, Justizrath, Reichstagsmitglied, Köln	2	do.
	„ Ferdinand Trimborn, Kaufm., Düsseldorf	1	do.
	„ C. F. Günther, Fabrikant, Waldheim	1	C. Geiken.
	„ H. Wolff, Kaufmann, Berlin	1	do.
	„ Kuckuck, Beamter, Hannover	3	M. B. Decker.
	Fr. Mathilde Curré, Berlin	1	Brügmann.
	Herr Gustav Vogel und Frau, Geheimsekretär, Berlin	2	C. Claasen.
	„ cand. phil. F. Theiß, Erfurt	1	P. B. Andresen.
	„ C. Theiß, Eisenbahn-Beamter, Erfurt	1	do.
	Frau E. verw. Klötzer, Zwickau i. S.	2	Kurhaus.
	Herr cand. theol. Wilhelm Schröter, Seehausen	1	P. P. Jürgensen.
	„ cand. theol. Gottfried Scheede, Blönsdorf	1	do.
	„ Dr. Ferdind. Rochall, Rechtsanwalt, Cassel	5	Langecker.
	„ J. Dörr, Rendant, Freienwalde a. O.	1	J. Steen.
	„ R. Lupke, Kaufm., do.	1	do.
	Frau Bertha Dietrich und Nichte Frl. Martha Kniehase,	1	
	Gr. Lichterfelde bei Berlin	1	
	„ Fanny Cohen und Sohn, Hamburg	2	Wwe. Fock.
	Herr Rob. Reinhold m. Familie, Guts- u. Kohlenwerkbes., Bokwa, S.	4	Schwarz.
	„ Reuter und Frau, Pastor, Viöl b. Husum	2	Frensens Wwe.
	„ v. d. Marwitz, Regier.-Referendar, Berlin	1	Westend-Hotel.
	„ C. Schmitz und Frau, Kaufm., Hannover	2	Brügmann.
	„ Dr. Hinschius, Geh. Justizrath und Universitätsprof., Berlin	1	Villa Roth.
	„ Jeatzsch, Landrath, Paderborn	1	W. Martensen.
	„ G. Piderit, Pastor, Schötmar (Lippe)	1	A. H. Cordt.
	„ S. Friedlaender und Tochter, Rentier, Berlin	2	J. Steen.
	„ Wolf von Ziegler und Klipphausen, Lieutenant der Landwehr-Kavallerie, Greifswald	1	
	„ Paul Aßmann, Amtsrichter, Frankenstein i. Schlesien	1	Kurhaus.
	„ Ernst Toeche, Verlagsbuchhändler, Berlin	2	do.
	„ v. Bülow m. Familie, Landrath, Eckernförde	4	C. Peters.
	Frau Minna Krämer und Sohn, Gutsbes.-Gattin, Uffenheim, Bayern	2	Helfrtch.
	Herr F. Jübell, Berlin	1	Brügmann.
	„ E. A. Steglich, Archidiakonus, Auerbach i. Voigtl.	1	C. Ohlsen.
	„ Louis Thormann, Cöthen (Anhalt)	1	Wwe. Frensen.
	„ P. Rothschild, Kaufmann, Eisenach	1	Wolf.
	„ Ludw. Staude, do. Malchim	1	do.
	Frau Dr. Willbrand, Frankfurt a. M.	1	Strand-Hotel.
	Herr Dr. Aug. Harnier, Landrichter, Frankfurt a. M.	1	Hotel Victoria.
	„ Dr. Liebschütz, Arzt, Hamburg	1	do.
	„ Dr. phil. C. Goepel, do.	1	do.
	„ Weber, do.	1	do.
	„ Paul Lietzke, do.	1	do.
	„ Aug. Münster, Kaufmann, Nordhausen	1	do.
	„ B. Würkert mit Familie, Director, Dresden	4	do.
	„ Louis Heimann, Berlin	1	do.
	Frau Helene Herrmann mit Familie, Karlsruhe	3	P. L. Nielsen.
	Herr Ferdinand Götz, Kfm, Augsburg	1	Chr. Nielsen.
	„ Dr. Weinert, Halle a. S.	1	Hotel Stadt Hamburg.
→ 9.	„ Th. Storm und Tochter Lucie, Amtsgerichtsrath a. D., Hanerau	2	Direktor Pollacsek.
	„ Dr. med. Otto Adler, Berlin	1	Hotel Stadt Hamburg.

Zusammen 173 Personen.

Der Pfeil zeigt den Eintrag von Theodor Storm u. Tochter Lucie, am 9. August 1887 Sylter Archiv, Westerland

Fährhaus Munkmarsch 1897 — Foto: Gäbel 1897, Sylter Archiv, Westerland

Hafen Munkmarsch 1897. Mit der Inselbahn nach Westerland. Dampfer-Anlegestelle. — Sylter Archiv, Westerland

Dampfschiff „Frisia“ an der Hoyerschleuse, vor der Abfahrt nach Munkmarsch.

Ankunft im Munkmarscher Hafen

Hoyer Kanal mit Schleuse, Richtung Wattenmeer und Sylt im Westen Postkarte: Sylter Archiv, Westerland

Hoyerschleuse. Abfahrt der Dampfschiffe nach Munkmarsch Postkarte: Archiv Daniel Ihonor

Der Hoyer Kanal um 1900: Im Hintergrund ein Dampfschiff. Richtung Wattenmeer und Munkmarsch/Sylt im Westen.
Postkarte: Sylter Archiv, Westerland

Landungsplatz, Schleusenanlage der Hoyerschleuse. Blickrichtung Osten. Sylter Archiv, Westerland

1855–56 Verzeichnis der Westerländer Hausbesitzer
Christian Peter Hansen schreibt in seinem „Inselführer auf der Insel Sylt“ von 1859: „Im Jahre 1850 fand ich auf Sylt 613 Wohnhäuser, von welchen jedoch nur 594 wirklich bewohnt wurden. Die Häuser stehen ziemlich entfernt voneinander, sind fast alle einstöckig gebaut und mit Schilf gedeckt.“ Von diesen Häusern gehörten 175 zum Kirchspiel Morsum. In dem Kirchspiel Keitum, dem größten auf der Insel, waren 331 Wohnhäuser, davon 44 in Archsum, 160 in Keitum, 62 in Tinnum, 21 in Braderup, 11 in Wenningstedt, 23 in Kampen und 10 in List.

1892 Westerland
„Heinrich von Stephan, Generalpostmeister des deutschen Reiches und häufiger Gast in Westerland, initiiert den Bau eines kaiserlichen Postamts und die Verlegung eines Fernsprechkabels zum Festland. Die Inselapotheke zieht von Keitum in einen Neubau in der Friedrichstraße, wo sie heute noch zu finden ist. Die Gemeinde entscheidet sich für den Bau eines Elektrizitätswerkes, obwohl die verheerenden sanitären Zustände eine Wasserversorgung und Kanalisation vordringlich erscheinen lassen.“

Aus: „Westerland 100 Jahre Stadt, 150 Jahre Bad“.

Am 6. Juli 1912 landete zum ersten Mal ein **Luftschiff auf Sylt.** Natürlich eine besondere Attraktion für Kurgäste und Einheimische. Gesteuert wurde „Victoria Luise“ von dem Flugpionier Dr. Hugo Eckener, dem Nachfolger des bekannten Ferdinand Graf von Zeppelin. Die Westerländer Kurzeitung berichtete: „Am Freitag

1905: Westerland feiert 50 Jahre Bad und erhält durch kaiserlichen Erlass die Stadtrechte. Bereits im September konnte der 20 000. Badegast der Saison begrüßt werden.
Sylter Archiv, Westerland

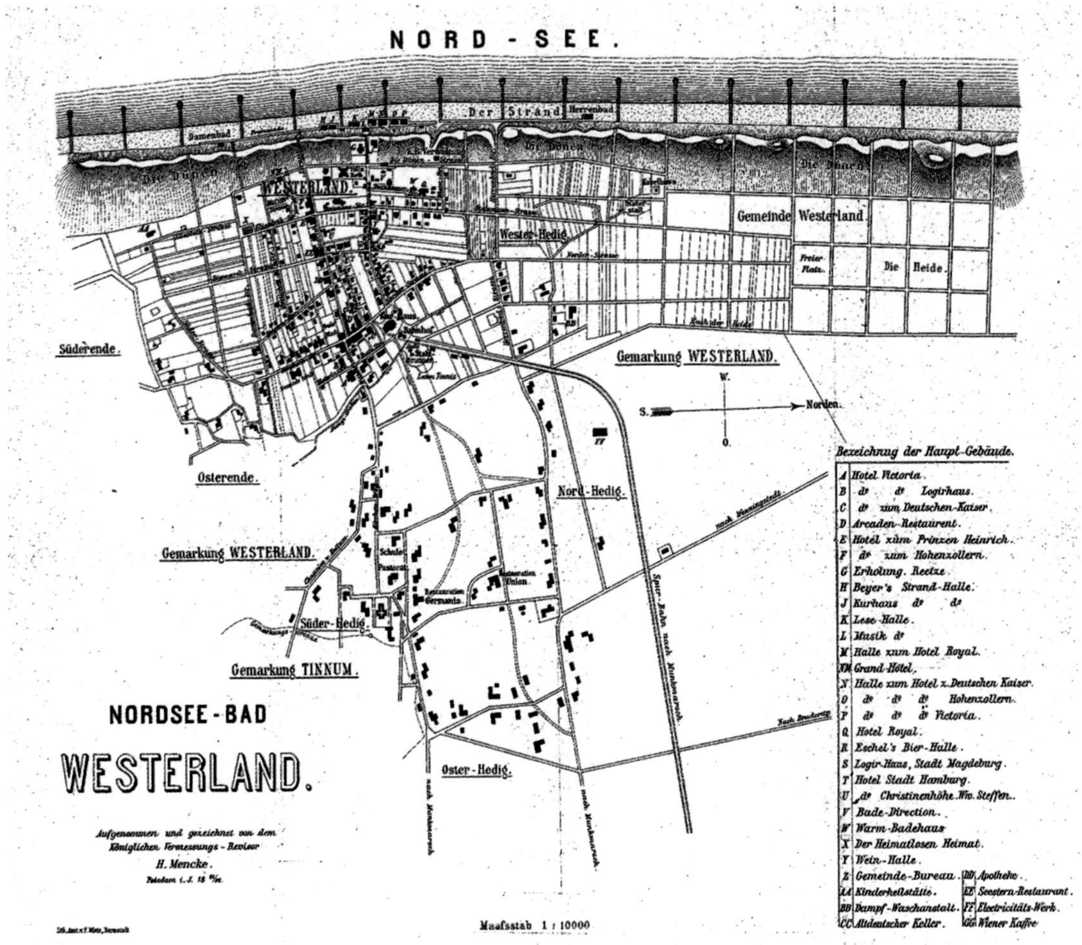

Westerland 1892

Aus: „Westerland 100 Jahre Stadt, 150 Jahre Bad", 2005

Abflug des Zeppelins „Victoria Luise" von Sylt

kommt das Luftschiff ‚Victoria Luise' nach Sylt. Für diese Fahrt von Hamburg nach Sylt sind zehn Passagiere zugelassen, der Fahrpreis beträgt 500 Mark. Die Dampfpfeife am Westerländer Wasserwerk wird allen Syltern und Badegästen kundtun, dass die Landung nahe des Schützenhauses in kürze erfolgt."

Am Landungstag schreibt die Zeitung: „Bereits gegen 8 Uhr morgens waren nahezu 5000 Einheimische und Gäste am Landungsplatz erschienen und besetzten einen großen Teil der Dünen. Sämtliche Feuerwehren der Insel waren zur Hilfestellung der Landung des Luftschiffes ‚Victoria Luise' beordert.

Gegen 8.40 Uhr kam in die in gespannter Erwartung harrende Menge Bewegung: Das Luftschiff nahte in ruhiger Fahrt, immer lauter vernehmlich wurde das Brummen der Propeller. In geringer Höhe umflog die Riesenzigarre unsere Stadt, von Tausenden mit Hurra-Rufen und schwenkenden Tüchern begrüßt. Sodann senkte sich der Koloss mit majestätischer Ruhe zum Landeplatz nieder, wo die Mannschaften die Taue ergriffen und befestigten. Die Kurkapelle spielte ‚Schleswig-Holstein meerumschlungen' und eine große Begeisterung bemächtigte die Menge, als die Passagiere von unserem Bürgermeister begrüßt wurden. Doch schon bald ertönte das Abfahrtsignal und unter großem Jubel erhob sich das Luftschiff gegen 9.30 Uhr und entschwand bald dem Gesichtskreis."

Westerländer Kurzeitung vom 6. Juli 1912

Der Flugpionier **Dr. Hugo Eckener:** Am 10. August 1868 in Flensburg geboren, am 14. August 1954 in Friedrichshafen gestorben.

Geschichte des LZ 11

Am 14. Februar 1912 fand die Jungfernfahrt des Luftschiffs „Victoria Luise" statt, am 4. März wurde die erste Fahrt mit Passagieren unternommen. Der Zeppelin fuhr überwiegend innerhalb Deutschlands sowie nach Helgoland, Hamburg und Kopenhagen. Mit Beginn des Ersten Weltkrieges musste „Victoria Luise" dem deutschen Heer überlassen werden und wurde dort als Schulschiff eingesetzt. Davor hatte LZ 11

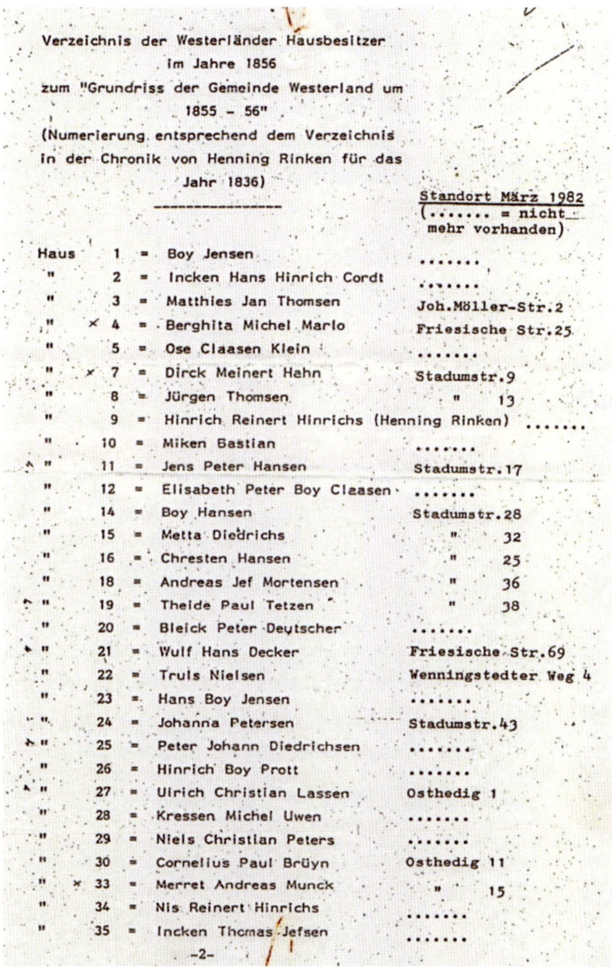

Verzeichnis der Westerländer Hausbesitzer
im Jahre 1856
zum "Grundriss der Gemeinde Westerland um
1855 - 56"
(Numerierung entsprechend dem Verzeichnis
in der Chronik von Henning Rinken für das
Jahr 1836)

					Standort März 1982 (....... = nicht mehr vorhanden)
Haus		1	=	Boy Jensen	....
"		2	=	Incken Hans Hinrich Cordt	....
"		3	=	Matthies Jan Thomsen	Joh.Möller-Str.2
"	×	4	=	Berghita Michel Mario	Friesische Str.25
"		5	=	Ose Claasen Klein	....
"	×	7	=	Dirck Meinert Hahn	Stadumstr.9
"		8	=	Jürgen Thomsen	" 13
"		9	=	Hinrich Reinert Hinrichs (Henning Rinken)	....
"		10	=	Miken Bastian	....
"		11	=	Jens Peter Hansen	Stadumstr.17
"		12	=	Elisabeth Peter Boy Claasen	....
"		14	=	Boy Hansen	Stadumstr.28
"		15	=	Metta Diedrichs	" 32
"		16	=	Chresten Hansen	" 25
"		18	=	Andreas Jef Mortensen	" 36
"		19	=	Theide Paul Tetzen	" 38
"		20	=	Bleick Peter Deutscher	....
"		21	=	Wulf Hans Decker	Friesische Str.69
"		22	=	Truls Nielsen	Wenningstedter Weg 4
"		23	=	Hans Boy Jensen	....
"		24	=	Johanna Petersen	Stadumstr.43
"		25	=	Peter Johann Diedrichsen	....
"		26	=	Hinrich Boy Prott	....
"		27	=	Ulrich Christian Lassen	Osthedig 1
"		28	=	Kressen Michel Uwen	....
"		29	=	Niels Christian Peters	....
"		30	=	Cornelius Paul Brüyn	Osthedig 11
"	×	33	=	Merret Andreas Munck	" 15
"		34	=	Nis Reinert Hinrichs	....
"		35	=	Incken Thomas Jefsen	....

-2-

Verzeichnis der Westerländer Hausbesitzer im Jahr 1855

Haus	36	=	Georg Matthias Lassen	....
"	38	=	Maria Peter Lassen	Deckerstr.63
"	x 39	=	Lorenz P. Lorenzen	" 46
"	x 40	=	Christian H. Christiansen	" 48
"	41	=	Gondel Peter Klein	Osthedig 29
"	42	=	Jens Niels Brodersen	....
"	43	=	Gemeinde Westerland (Armenhaus)	....
"	44	=	Merret Peter Jensen Klein	....
"	47	=	Erckel Boy Boysen	Munkm.Chaussee 5
"	x 49	=	Maria Boy Michel Boysen	" " 1
"	51	=	Küsterat und Schule	....
"	52	=	Peter J. Nickelsen	....
"	53	=	Eschel M. Decker	....
"	54	=	Thomas Lassen	Gartenstr.7
"	x 55	=	Niels Hans Brodersen Erben	" 5
"	56	=	Pastorat	....
"	57	=	Christian Wachsmuth	Gartenstr.3
"	58	=	Jens Claas Thomsen	....
"	60	=	Incken Peter Eschels jr.	....
"	x 61	=	Jürgen Reinert Hinrichs (Jürgen Rinken)	Bastianstr
"	62	=	Michel Peter Boysen	Kirchenweg 29
"	63	=	Johannes Ebe Nickelsen	....
"	64	=	Jacob Bunde Jacobs	Keitumer Chaussee 5
"	65	=	Kressen Heick Peter Uwen	....
"	67	=	Peter Boy Andresen	....
"	69	=	Lorenz Johann Felix	....
"	x 70	=	Erckel Jens P. Jensen	Birkenweg 1
"	x 71	=	Carsten Hansen	" 3
"	72	=	Peter Thomas Diedrichsen	....
"	74	=	Sybrand Franzen	....
"	76	=	Moiken Johann Christians	Rosenweg 5
"	77	=	Christian Siebrand Geicken	Keitumer Chaussee 1[illegible]
"	78	=	Hinrich Lorenz Hinrichs	....
"	79	=	Nahmen Lorenzen	....
"	x 81	=	Peter Christian Simonsen	Keitumer Chaussee 16
"	x 82	=	Boy Michel Boysen Wwe.	" " 10
"	x 83	=	Eb Michel Uwen	Trift 10

-3-

Das Luftschiff „Victoria Luise" über Sylt

Ein großes Ereignis für Sylt und ein kurzer Besuch vom Festland.

mit 489 Passagierfahrten 54 312 Kilometer mit insgesamt 9 738 Personen befördert. Am 8. Oktober 1915 brach der 148 Meter lange LZ 11 beim Einhallen auseinander.

Zeitzeugen berichten über den Ausbruch des Ersten Weltkriegs.

Am 1. August 2014 berichtet Frank Deppe in der Sylter Rundschau:

„Der 1. August **1914** ist ein herrlicher, sonniger Urlaubstag. Unzählige Badegäste bevölkern die Strände, als es am späten Nachmittag mit der Sommerfrische jäh vorbei ist. Wie ein Lauffeuer spricht sich auf Sylt herum: Der deutsche Kaiser Wilhelm II. hat den Befehl zur Mobilmachung gegeben. Der Ausbruch des Ersten Weltkriegs steht unmittelbar bevor.

‚Fluchtartig', notierte ein Zeitzeuge, ‚verließen die Badegäste die Insel, alle wollten so schnell wie möglich das Festland erreichen. Die Kleinbahn und die Dampfer nach Hoyerschleuse konnten den Verkehr kaum bewältigen, Fischer- und Segelboote mussten aushelfen. Die Züge, die Hamburg zueilten, kreuzten sich schon mit den ersten Truppentransporten.'

Sylt wird zum Sperrgebiet

In Westerland vernageln Geschäftsleute ihre Läden, auch sie wurden einberufen. Vier Tage später erklärt der Inselkommandant Sylt zum Sperrgebiet – nur Einheimische und Soldaten dürfen sich jetzt noch auf der Insel aufhalten. Zwischen den Dünen werden Schützengräben ausgehoben, auf besonders hohen Dünenkuppen Maschinengewehr-Stellungen gebaut. In Kampen verlischt das Feuer des Leuchtturms, um dem Feind eine nächtliche Annäherung zu erschweren. Die großen Hotels werden zu Kasernen umfunktioniert, ein Genesungsheim wird zum Feldlazarett, eine große Heidefläche bei Wenningstedt zum Exerzierplatz. ‚Entlang der Strände begann ein eifriger Patrouillendienst bei Tag und bei Nacht', schilderte ein Soldat.

Soldaten bergen Strandgut

Allein: Die befürchtete Landung der gegnerischen Truppen blieb während der vier Kriegsjahre aus. Glücklich getroffen hatten es somit jene 5 000 Soldaten, die auf Sylt stationiert waren. Den Feind bekamen sie nie zu Gesicht. So schoben die Männer einen recht bequemen Dienst und kümmerten sich statt ums Kriegsgeschehen mehr um das Bergen von Strandgut und das Sammeln von Möweneiern. Gern lauschten sie auch den Konzerten der Landsturmkapelle aus Lübeck, die regelmäßig aufspielte.

Haus		84	=	Meinert Boy Prott	Dirk-Brodersen-Str.12
"	x	85	=	Peter Erck Peters	Brönswai 5
"		87	=	Inken Nickels Mannis (Inken Corn. Meinerts)	......
"	x	88	=	Jes Mortensen	Trift 28
"		89	=	Christine Bleik Boy Claasen	" 23
"		90	=	Dirck Thiesen	Kolbergerstr.6
"		91	=	Merret Peter Jacob Boysen	....
"		92	=	Lorenz Boysen	Lorenz de Hahn-Str.67
"		93	=	Incken Erck Meinert Prott	Süderende 11
"		94	=	Anna Lorenz Thomsen	....
"		95	=	Johannes Boy Clasen	....
"		97	=	Hinrich Albert Klein	....
"		98	=	Cornelius Peter Decker	Süderstr.49
"	x	99	=	Moiken Peter Andresen	" 51
"		100	=	Niels Jensen	....
"		101	=	Cornelius Erck Petersen	Süderstr.35
"	x	102	=	Brigitta Dirck Thiesen	Meisenweg 3
"		103	=	Cornelius Peters	Lerchenweg 13a
"	x	104	=	Boy Lorenz Boysen	Fischerweg 31
"	x	105	=	Peter Peter Klein	Puan-Stöven-Weg 16
"		106	=	Ellen Christian Sören Christians	....
"		107	=	Maiken Düy Andresen	....
"		108	=	Kressen Claas Klein	....
"		110	=	Maren Peter Matzen	Bundiswung 24
"		113	=	Cresten Enewold Borck	Gaadt 8
"		115	=	Corn. Joh. Cornelisen	....
"	x	116	=	Christian Matzen	Gaadt 4
"		117	=	Kressen Dirk P. Eschels	....
"		120	=	Hans Peter Kruse	....
"		121	=	Wulf Manne Decker/Carsten Mommsen	....
"		123	=	Inken Peter Eschels	Deckerstr.5
"		124	=	Jes Hans Nielsen	....
"		126	=	Wulf Manne Decker	....
"		140	=	Theide Michel Decker	....

(insgesamt 101, ausschließlich reetgedeckte Friesenhäuser)

-4-

1855 wird als das Gründungsjahr des Bades angesehen. Schon vier Jahre später finden wir auf einer von dem Geometer P. B. Sörensen erstellten, "Grundriss des Seebades Westerland..." bezeichneten Karte 10 weitere Gebäude, darunter die "Dünenhalle" in Osthedig und das "Strandhotel" in Westhedig.

Mit der "Dünenhalle" entstand, zwar noch reetgedeckt, erstmals ein Haus mit der Front zum Westen. Bis dahin kannte man ausschließlich die West-Ost-Richtung, also Front nach Süden oder Norden.

Weitere Unterlagen hierzu habe ich im "Sylter Archiv" hinterlegt.

17 Tote am Sylter Strand angespült

Andere hatten weniger Glück. Der Erste Weltkrieg war noch keinen Monat alt, da wurden auf dem Westerländer Friedhof bereits die ersten Gefallenen begraben: Am 28. August 1914 waren die beiden Kreuzer ‚Mainz' und ‚Köln' in der Nordsee von englischen Kriegsschiffen versenkt worden. Zwei Tage später trieben 17 Tote am Sylter Strand an und wurden in einem gemeinsamen Grab beigesetzt.

Am 1. Mai 1916 kommt es zu einer weiteren Tragödie vor Sylt, als das deutsche Torpedoboot ‚S 123' bei einer Patrouillenfahrt in die eigene deutsche Minensperre gerät und sinkt. Von den 59 Mann Besatzung können nur 32 gerettet werden.

Auch mit der ‚Königin Luise' nahm es ein unrühmliches Ende. Wenige Monate erst war sie im Dienste der Hamburger Hapag- Reederei als Seebäderschiff zwischen Hamburg und Hörnum unterwegs. Am 1. August 1914 endete die Fahrt vor Helgoland unvermittelt. Alle Passagiere wurden ausgebootet, das Schiff dampfte nach Wilhelmshaven. Dort wurde es in aller Eile zu einem Minenleger umgerüstet, der am 4. August auslief. Nur einen Tag später wurde die ‚Königin Luise' von britischen Kriegsschiffen gestellt und versenkt. Von den 120 Männern an Bord überlebten gerade mal 18. Auch die Sylter selbst mussten während der vier Kriegsjahre manches Leid ertragen: 160 an der Front gefallene Söhne, Väter und Ehemänner lautete die traurige Bilanz zu Kriegsende. Am 5. November 1918 leitet der ‚Matrosenaufstand' in Kiel das Ende des Ersten Weltkrieges ein. Auch für Sylt ist der Krieg nun endgültig vorbei."

Vor dem 1. Weltkrieg war es mit dem Dammbau fast so weit, für den Bau stand bereits ein Etat zur Verfügung, da machte der Ausbruch des Krieges alle Pläne zunichte.

„Als man nach dem Krieg im Zweifel sein konnte, ob ein so gewaltiges Bauvorhaben, wie es der Dammbau darstellte, im verarmten Deutschland noch ausgeführt werden könne, gab den letzten Impuls zum Festhalten an dem Plan die neue, nach dem Friedensvertrag Deutschland gegen Dänemark aufgezwungene Grenze. Deutschland verlor danach Tondern, Hoyerschleuse und damit die Zufahrtslinie zu dem einstigen bestehenden Schifffahrtsweg durch das Wattenmeer. Da man nun auf dem Wege zur deutschen Insel Sylt dänisches Hoheitsgebiet durchfahren mußte, kamen zu allen anderen Schwierigkeiten noch Zoll- und Paß-

Sylt Inselwache
1914–1918

fragen und die Abhängigkeit von der dänischen Eisenbahnverwaltung hinzu.

Noch in letzter Stunde wurde eine Untersuchung darüber angestellt, ob sich auf dem deutsch gebliebenem Gebiet eine neue zuverlässige Verbindung auf dem Wattenmeer schaffen lasse. Wegen der hohen Kosten, die für das Ausbaggern und besonders für die dauernde Erhaltung der Fahrrinne, für die Anlegebrücken und die Zufahrtslinien auf Festland und Insel erforderlich werden würden, mußte der Plan bald aufgegeben werden, zumal die verkehrsfördernden Momente eines Dammbaues und die Vorteile der Landgewinnung überwogen."

Aus: Dammbauausgabe, Sylter Zeitung, 1. Juni 1927. Sylter Archiv, Westerland.

„Bisher war die Insel Sylt durch zwei Reisewege mit dem Festland verbunden, nämlich durch die Wattenmeerlinie Hoyerschleuse – Munkmarsch – Westerland und durch die Seedampferlinie Hamburg – Cuxhaven – Helgoland – Hörnum.

Die Wattenmeerdampfer konnten nur zur Zeit des Hochwassers verkehren. Die Abfahrzeiten mußten sich daher täglich nach dem Eintreten der Flut ändern, was für die Reisenden mancherlei Unbequemlichkeiten mit sich brachte. Zur Ebbezeit war wegen des flachen und zum Teil trockenfallenden Fahrwassers der Verkehr Hoyerschleuse – Munkmarsch nicht möglich. (...) Die Seedampfer von Hamburg über Helgoland nach Hörnum verkehrten nur in den Sommermonaten täglich, im Winter einmal wöchentlich."

Aus: „Die Bautechnik", Berlin, 10. Februar 1928, 6. Jahrgang, Heft 6. Dr. Ing. H. Pfeiffer u. H. Mügge.

„Diese ungünstigen, von den 6 000 Einwohnern der Insel als schwer empfundene Verkehrsverhältnisse, der Aufschwung, den die Bäder auf der Insel in den ersten zehn Jahren des Jahrhunderts nahmen, und die Unmöglichkeit, auf dem bisherigen Wege einen wesentlich gesteigertem Verkehrsaufkommen ordnungsmäßig zu bedienen, ließen schon vor dem Kriege den Entschluß reifen, die Durchdämmung des Wattenmeeres zu wagen."

Einige kurze Angaben über die Art der Ausführungen dieses Dammbaues

„Man kann den Dammbau in hintereinander folgende Bauvorgänge unterscheiden. Zuerst werden der südliche Dammfuß mit der Spundwand und für den nördlichen Fuß mit Pfählen befestigte Buschdämme hergestellt. Im Schutze dieser Anlagen wird dann der untere Teil des Dammes mit Sandboden bis zur Höhe des gewöhnlichen Hochwassers, bei gröberer Körnung noch etwa 2 m darüber, aufgespült. Der Boden hierfür wird durch schwimmende Eimerbagger aus dem Watt entnommen, mit Wasser vermischt und durch Spülrohrleitungen in die Dammsohle gespült. Im dritten Abschnitt wird auf so gewonnenem Unterbau vom Festland und Insel mit Trockenbaggern gewonnener Boden lagenweise aufgeschüttet, Pflastersäulen je nach Fortschritt der Erdarbeiten beiderseitig hochgezogen. Dann wird der Dammkörper, ab der Pflasterung mit starken Tonmassen bedeckt, sämtliche Böschungsflächen profilmäßig abgeglichen und wie im Deichbau mit Grassoden befestigt."

Dammbauausgabe Sylter Zeitung. 1. Juni 1927. Sylter Archiv, Westerland.

1917 waren weitere Untersuchungen zum Dammbau getroffen. Folgendes Gutachten wurde von der Königlichen Bauabteilung Sylt von Regierungsbaumeister Pfeiffer am 20. März 1917 über die **Wirkung des Dammbaues** Festland – Sylt auf die Anlagen des Deichbandes aufgestellt.

Da besonders bei Sturmfluten in das Wattenmeer von Süden (Hörnum) größere Wassermassen als von Norden (List) auf den Sylt-Damm treffen würden, wurde angenommen, dass die Flut von Süden über den Norden (List) wieder abfließt. Durch den Dammbau würde der Abfluss der Wassermassen aber verhindert.

Die Gutachten des dänischen Ingenieurs Bruun von 1863 und der Professoren Thierry und Grantz von 1916, wurden von der Königlichen Bauabteilung Sylt, von Regierungsbaumeister H. Pfeiffer, Bauabteilung Sylt in Husum, hinzugezogen.

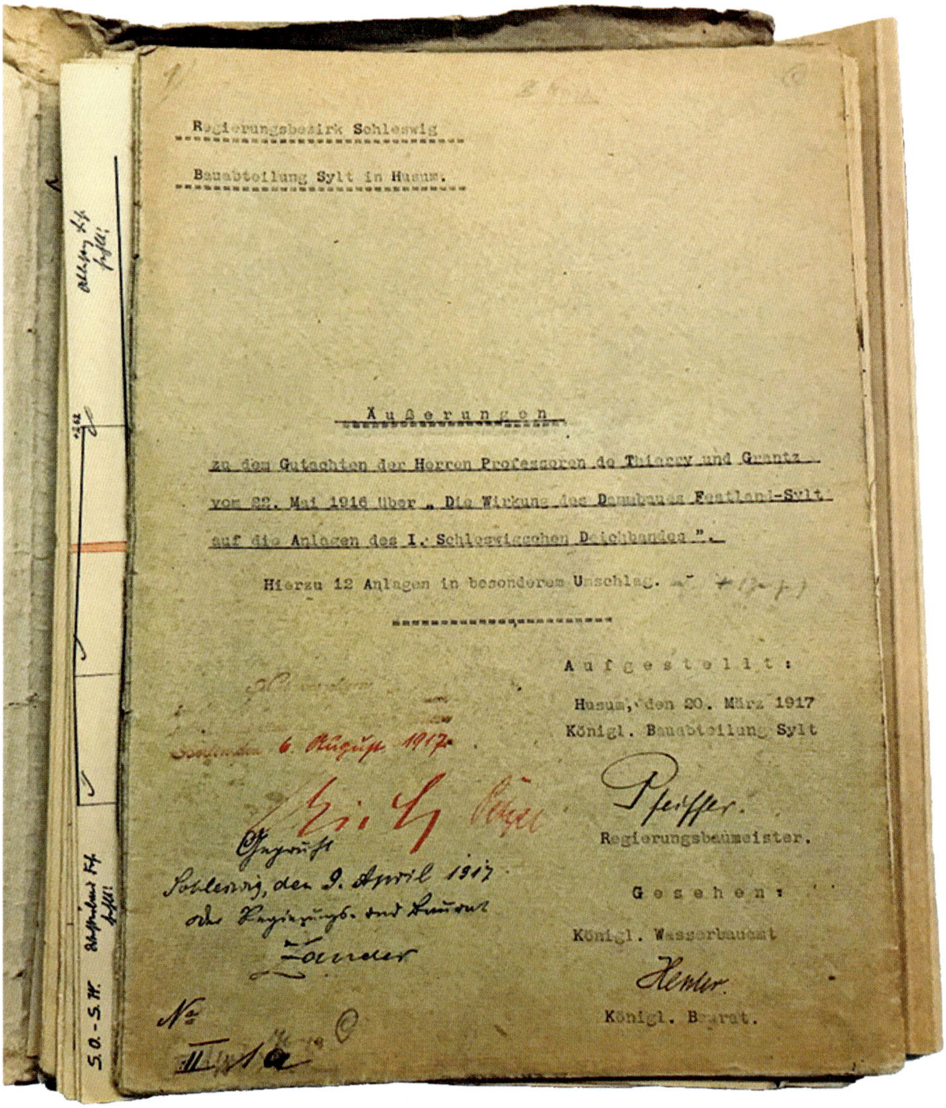

Regierungsbezirk Schleswig

Bauabteilung Sylt in Husum.

Äußerungen

zu dem Gutachten der Herren Professoren de Thierry und Grantz vom 22. Mai 1916 über „Die Wirkung des Dammbaues Festland-Sylt auf die Anlagen des I. Schleswigschen Deichbandes“.

Hierzu 12 Anlagen in besonderem Umschlag.

Aufgestellt:

Husum, den 20. März 1917
Königl. Bauabteilung Sylt

Pfeiffer.
Regierungsbaumeister.

Gesehen:

Königl. Wasserbauamt

Königl. Baurat.

Der Text wird im Anhang auf den Seiten 138–153 abgebildet. Kreisarchiv Nordfriesland, Husum

2. Der Dammbau

Das Wattenmeer

„Bis zu den Eiszeiten war die Insel Sylt mit dem Festland verbunden. Später sanken die niedrig gelegenen Teile des Landes unter den Meeresspiegel, und die höher gelegenen Teile blieben als Geestrücken des Festlandes bzw. als Inseln zurück. Durch Schlickablagerungen auf den abgesunkenen Flächen bildete sich in großer Ausdehnung Marschland. Zum Teil wurde die Marsch vom Meer wieder zerstört und so das jetzige Wattenmeer gebildet. (...)

Im Wattenmeer rufen die Gezeiten der Nordsee einen regelmäßigen Wechsel der Wasserstände hervor. Die Nordseefluten strömen im Süden der Insel durch das Hörnumer-Tief, im Norden durch das Lister-Tief ein und füllen mit etwa einer Milliarde cbm Seewasser den hinter Sylt gelegenen Teil des Wattenmeeres. Bei Einsetzen der Ebbe fließen die Wassermassen wieder zurück, so daß ein großer Teil des Wattenmeeres trockenfällt."

Aus: „Die Bautechnik", Berlin, 10. Februar 1928, 6. Jahrgang, Heft 6. Bau eines hochwasserfreien Eisenbahndammes vom Festland nach der Insel Sylt, von Regierungsbaurat Dr. Ing. Pfeiffer und Regierungsbaumeister W. Mügge.

„Die Gezeitenströmungen haben das Hörnum-Tief und das Lister-Tief zu starken Strömen mit Tiefen bis zu 20 m ausgebildet. Diese Ströme verästeln sich im weiteren Verlauf im Wattenmeer und werden allmählich flacher, bis sie auf einer von der Halbinsel Nösse nach Osten verlaufenden Linie zusammentreffen.

Hier haben die Flutwellen den Untergrund nicht zu vertiefen vermocht, und nur an dieser flachen und schmalen Stelle des Wattenmeeres konnte der Bau des Eisenbahndammes in Frage kommen.

Die Flutgröße, der durch die Einströmungsöffnungen einlaufenden Flutwellen ist im Süden der Insel Sylt größer als im Norden. Die mittlere

Werbung für den Seebäderdienst in Griebens Reiseführer Band 53, Nordseebäder 1910/11

Verläufe der Gezeitenströme Hörnum-Tief und Lister-Tief

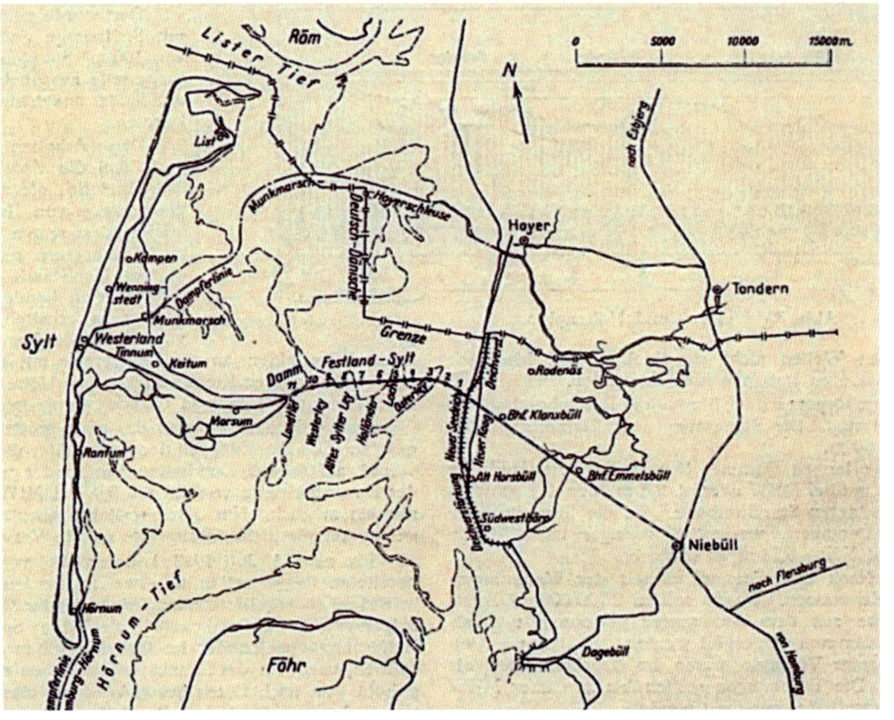

Flutgröße beträgt bei Hörnum (Sylt Süden) 1,72 m, bei List (Sylt Norden) 1,59 m. Die von Süden durch das Hörnum Tief einlaufenden Flutwellen, die sich in der Nähe der Dammlinie in vier Priele, das Osterley, das Holländer Loch, das Sylter Ley und das Westerley verzweigen, haben also ein größeres Arbeitsvermögen als die von Norden durch das Lister–Tief kommenden Flutwellen. (...) Es flossen daher über die Dammlinie bei jeder normalen Flut etwa 28 Mill. cbm Wasser von Süden nach Norden. Bei Südwest- und Westwinden mit höheren Wasserständen betrug diese Wassermenge ein Vielfaches der normalen.

Bei starken Weststürmen laufen die Fluten bis zu 3,5 m über MHW auf, wobei sich ein sehr starker Wellenschlag entwickelt. (...)

Bei den zu erwarteten Seeangriffen ist der Querschnitt des Wattenmeerdammes beiderseitig ähnlich wie ein Seedeich ausgebildet.

Der geneigte Teil der Dammböschung erhielt bis zur Höhe NN + 3,0 m, das ist 2,15 m über dem gewöhnlichen Hochwasser + 0,85 m liegenden MHW, eine 30 cm starke Granit- und Basaltpflasterung auf 20 cm Grandunterlage. Der Fuß des Basaltpflasters stützt sich an der Südseite gegen eine mit Steinen eingeschüttete Spundwand, an der Nordseite gegen eine Lahnung (...) Der obere Teil des Dammkörpers ist mit Grassoden befestigt.

Bauausführung. Nach dem Entwurf enthält der Wattenmeerdamm rund 3 200 000 cbm Bodenmassen. Davon sollten 2 700 000 cbm Sandboden im Naßbaggerbetrieb aus dem Wattenmeer gewonnen und als Dammkern zwischen Buschdämmen aufgespült werden. 500 000 cbm Kleiboden aus

Südseite Mittlerer Querschnitt Nordseite

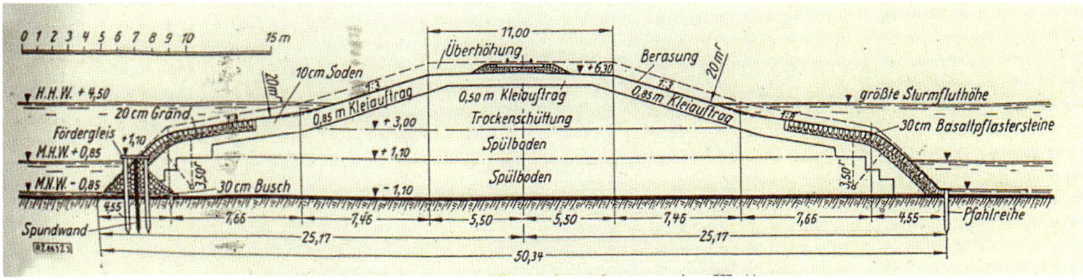

Querschnitt-Zeichnung des Hindenburgdamms von Kümmel in Zeitschrift des Vereines deutscher Ingenieure, Band 72, Nr. 2, Jahrgang 1928.

dem Wiedingharder Vorlande waren im Trockenbetrieb als Deckschicht aufzubringen. Die Böschungen sollten 2 m über MHW mit einem starken Böschungspflaster gesichert werden. (...) Um die Zufuhr der bedeutenden Baustoffmengen für den Wattenmeerdamm zu ermöglichen, wurde die Festlandsstrecke der Bahn von Niebüll bis zum Seedeich in den Jahren 1921/22 erbaut und ein großer Lagerplatz mit den erforderlichen Vollspur- und Schmalspurgleisen, Werkstätten, Magazin- und Wohnbaracken sowie Büroräumen in den Wintermonaten 1921/22 hinter dem Seedeich eingerichtet. (...) Anfangs wurde die Böschung des Dammes mit Granitpflaster ausgeführt. Bald ging man zu Basaltpflaster aus 30 cm langen Säulen mit 800 kg Gewicht auf 1 qm über. Basalt bietet wegen seines größeren Gewichts und der eng aneinander liegenden Säulen der See besseren Widerstand als Granit. Zum Pflastern wurden zunächst geübte Leute aus dem Rheinland herangezogen bis die einheimischen Arbeiter das Pflastern mit Basaltsäulen beherrschten."

Aus: „Die Bautechnik", Berlin, 10. Februar 1928, 6. Jahrgang, Heft 6. Bau eines hochwasserfreien Eisenbahndammes vom Festland nach der Insel Sylt, von Regierungsbaurat Dr. Ing. Pfeiffer und Regierungsbaumeister W. Mügge.

„Der Dammbau nach Sylt und der Verkehr nach Sylt bis zu dessen Fertigstellung.

Von zuverlässiger Seite erfährt das ‚Rendsburger Tageblatt' im April 1922, daß der Dammbau nach Sylt nunmehr genehmigt ist. Die Vorarbeiten sind so weit gediehen, daß mit den Arbeiten für den Dammbau im Laufe dieses Sommers begonnen werden kann. Man rechnet damit, daß der Dammbau drei Jahre in Anspruch nehmen wird. Bis zu dieser Zeit wird der durch die neue Grenzführung nicht behinderte **Verkehr** auf dem eingeführten Wege **von und nach Sylt** zum deutschen Festlande, **über Tondern-Hoyerschleuse**, von dem guten Willen Dänemarks abhängen. Nach der Neueinführung der Grenze war durch deutsch-dänisches Übereinkommen die Durchführung einiger Züge ohne Paß- und Zollrevision und sonstige Grenzübergangsschwierigkeiten möglich geworden. Für die drei Jahre bis zur Fertigstellung des Dammbaues wollte man ein gleiches erreichen. Zwischen dem beteiligten Verkehrsministerien in Kopenhagen und Berlin waren Verhandlungen eingeleitet und schienen zu einem befriedigenden Ergebnis führen zu wollen. Wie wir nun aus zuverlässiger Quelle hören, ist von politischer Stelle von dänischer Seite im letzten Augenblick der Abschluss des Vertrages verhindert worden, so daß man bis heute noch nicht sagen kann, ob es zu einer endgültigen Einigung kommen wird. Man wird in Dänemark jedenfalls dafür Verständnis haben, daß man in Schleswig-Holstein eine solche Durchkreuzung rein wirtschaftlicher Abmachung aus politischen Gründen richtig zu werten weiß. Wir verstehen sehr wohl, daß einige dänisch-chauvinistische Kreise ein Interesse daran haben, durch Erschwerung und Verteuerung des Verkehrs nach Sylt, das in seiner wirtschaftlichen Existenz vom Verkehr mit dem deutschen Festland überhaupt und insbesondere vom Fremdenverkehr im Sommer abhängig ist, Unzufriedenheit nähren möchten, in der Hoffnung, diese politisch für sich und gegen Deutschland, sich auswirken zu sehen. Es sind die Eiderdänen mit ihrem Vortrupp in Schleswig-Holstein, den Schleswig-Leuten, welche diese Unzufriedenheit insonderheit wünschen, um sie für ihre politischen Ziele zu benutzen. Ob die dänische Regierung ein Interesse daran hat, die Gegensätze zwischen Schleswig-Holstein, Deutschland und Dänemark durch seine unkluge Politik der Enghorizonttätigkeit weiter zu verschärfen, möchten wir bezweifeln. In Dänemark darf man sich überhaupt nicht wundern, wenn Deutschland bei Entgegenkommen, soweit es an anderer Stelle gewünscht werden sollte, auch sehr viel weniger hellhörig werden müßte."

Sylter Zeitung, Westerland, den 13. April 1922. Sylter Archiv, Westerland.

Wohnbaracken in Klanxbüll

Kantine Schelwig in Klanxbüll

„Wegen der hohen Arbeitslosigkeit wurde im Zuge der Arbeitsbeschaffungsmaßnahmen in der Gemarkung Tinnum, vielleicht auch schon wegen der bevorstehenden Wahl, 1920 mit den ersten Vorbereitungen auf der Insel begonnen.

Der 6 Hektar große **Werk- u. Lagerplatz** der Baufirmen, mit Gleisanlagen, Werkstätten und Arbeiterbaracken wurde **1921/22 in Klanxbüll**, hinter dem Seedeich, angelegt.

Die **Festlandstrecke von Niebüll bis zum Seedeich bei Rodenäs** wurde in den Jahren **1921** und **1922** ohne Schwierigkeiten mit größter Eile erbaut, um nach einem unmittelbar hinter dem Seedeich anzulegenden großen Lagerplatz mit Werkstätten und Wohnbaracken die Zufuhr der bedeutenden Baustoffmengen für den Wattenmeerdamm und damit den eigentlichen Beginn der Dammbauarbeiten zu ermöglichen.

Mit dem **Bau des Wattenmeerdammes** und den Erdarbeiten für die Inselstrecke wurde im **Frühjahr 1923** begonnen. In diesem Baujahr ließen am Damm das Neu- und Einzigartige der Ausführung, deren beste Methoden erst ausprobiert werden mußten und die die Bauleitung häufig vor neue Entschlüsse stellte, die Inflation in höchster Blüte und eine ungewöhnlich frühe und heftige Sturmflut Ende August, verhältnismäßig wenig fertigbringen."

Dammbauausgabe Sylter Zeitung vom 1. Juni 1927. Sylter Archiv, Westerland

„Die erste Spülerliegestelle war durch die Wassertiefen im Wattenmeer vorgeschrieben. Sie mußte im Osterley liegen, das in der Dammlinie eine Wassertiefe von nur 1,80 bis 2,00 m unter MHW hatte und etwa 3000 m vom Festland entfernt war. (...) Gespült wurde zwischen den Buschdämmen von 0,60 bis 1,20 m Breite und 0,80 bis 1,50 m Höhe. (...)

Dort wurde zunächst ein kleiner **Eimerbagger mit Spülpumpe** und schwimmender Rohrleitung von 100 cbm Stundenleistung eingesetzt, um eine Liegestelle auszuheben, in

Kleibodenauftrag als Deckschicht. Vortrieb des Dammes vom Festland

der die großen Bagger und Spüler unabhängig von Ebbe und Flut arbeiten konnten. (...) Obwohl vielfach stürmische Witterung herrschte, gelang es, bis Mitte August die Spülfläche so weit nach Osten vorzutreiben, daß der Anschluß an den vom Land vorgebauten Kleidamm erreicht und ein Transportgleis von 90 cm Spurbreite vom Festlande aus bis auf die Spülfläche vorgestreckt werden konnte.

Diese Arbeiten wurden sehr dadurch behindert, weil die Zufuhr der benötigten Bau- und Betriebsstoffe auf dem Wasserwege von Husum stattfinden mußte. Wegen der schwierigen Wasserverhältnisse im Wattenmeer war die Versorgung unregelmäßig. Um an schiffbares Wasser zu kommen, wurde damit begonnen, vom Festland her, in der Flucht des südlichen Dammfußes, einen an der Außenseite mit dem endgültigen Böschungspflaster befestigten Kleidamm von 1 m Höhe über MHW vorzutreiben, auf dem Transportgleise zum Osterley verlegt werden sollten".

Aus: „Die Bautechnik", Berlin, 10. Februar 1928, 6. Jahrgang, Heft 6. Bau eines hochwasserfreien Eisenbahndammes vom Festland nach der Insel Sylt, von Regierungsbaurat Dr. Ing. Pfeiffer und Regierungsbaumeister W. Mügge.

Zwischendurch ein dramatisches Ereignis, das die damalige Situation der Verbindung zwischen Sylt und dem Festland im Winter veranschaulicht.

Eine Frau irrt übers Eis.

„Johanna Ruhsert kam 1906 als junge Frau von 21 Jahren auf die Insel. Ihr Mann war als Lehrer nach Morsum versetzt worden. Schon 1912 wurde er in den Ruhestand geschickt. 1931 verstarb er. Zäh, fleißig und sparsam hatte sich das Paar inzwischen einen landwirtschaftlichen Besitz erarbeitet, von dessen Einkünften Johanna noch als 90-jährige Witwe und Urgroßmutter leben konnte. In einer Nacht, in ihrem langen Leben, hat sie durchlebt, was nur wenige Menschen je überlebten: Sie hatte sich auf dem Eis im Watt verlaufen. Am 5. Februar 1922, als das Watt zugefroren und die Gezeiten gewaltige Packeisberge zwischen Sylt und dem Festland aufgeschichtet hatten, war Johanna Ruhsert mit Freunden übers Watt gewandert, um ihren Sohn in Niebüll zu besuchen. Für den nächsten Mittag um 14 Uhr hatte sie sich mit ihrem Führer und anderen in Rodenäs verabredet, von wo der Rückweg über das Eis angetreten werden sollte.

Vier Stunden marschierte Johanna Ruhsert allein durch die Kälte von Niebüll nach Rodenäs – und kam dort zu spät an. Was dann geschah, hat sie später selbst aufgezeichnet:

‚Als ich in Rodenäs anlangte, sah ich vom Seedeich aus, daß der Führer mit den übrigen Reisenden bereits auf dem Brodeleis angelangt war. Na, die konnte ich ja leicht erreichen, aber eine Tasse Kaffee mußte ich absolut erst haben! In der Gaststube saß ein Bekannter, der per Rad von Sylt gekommen war. Da erfuhr ich denn, daß der Wind weiter herum von Nordosten nach Norden, ja schon ein wenig mehr nach Westen gegangen war! Er meinte ich dürfte wohl keine Zeit mehr verlieren, wenn ich noch heute hinüber wolle. Das klang ein wenig sonderbar, und ich dachte ganz flüchtig: *Da wird doch wohl keine Gefahr dabei sein?*

Als ich wenig später vom Deiche herunterging, verschwanden meine

Reisegenossen gerade in den Eisbergen. Aber ich hatte ja die Spur…

Nun war ich in den Eisbergen, doch wo war die Spur? Die Sonne hatte die Eisflächen ein wenig schlüpfrig gemacht, so daß die Fußspuren verschwunden waren. Es sah wunderschön aus hier auf dem Eise in dem hellen Sonnenschein! Ein seltsames Geräusch vernahm ich. Das waren die Tropfen, die von den Eisklötzen ins Wasser fielen. Das hatten wir gestern nicht bemerkt, oder hatte die Sonne heute so viel mehr Kraft?

Rüstig schritt ich aus. Ich wollte doch lieber die anderen Insulaner bald erreichen! Jetzt kam ich an eine halbmetertiefe Packeisstufe. Ich sprang hinab – und saß mit dem rechten Bein bis übers Knie im Wasser. Auch das hatte es gestern nicht gegeben. Ich war wohl ein bißchen weit nach Süden gekommen. Lieber wollte ich mich etwas nördlicher halten. Inzwischen war ich tüchtig weitermarschiert. Auf einmal saß ich wieder im Wasser, diesmal mit dem linken Bein. Und bald darauf schon wieder, und diesmal mit beiden Füßen zugleich. Ein Gruseln lief mir über den Rücken. Was war es, das mich immer schneller laufen machte? War es Angst? Wieder brach ich ein.

Ich war allein in der großen Eiswüste. Es wurde langsam dunkel. Zitternd kletterte ich auf den nächsten Eisberg. Nichts vom Land zu sehen, weit und breit nur Berg und Tal aus Eis.

Schon wieder war ich im Wasser bis weit über die Knie, und keinen Grund unter den Füßen. Herrgott erbarme dich, ich bin doch irre gegangen? Nur schnell, Johanna, die Nacht kommt! Wieder lief ich so schnell es ging. Aber ich brach ein, tiefer und immer öfter. Ich hatte herausgefunden, daß ich mich, wenn ein Fuß einsank, sofort der Länge aufs Eis warf. Ich kam dann nicht so tief ins Wasser.

Ich lief um mein Leben, brach ein, lief weiter, brach wieder ein. Das Eis wurde immer mürber, und ich war allein. Warum mußte ich so umkommen? Ich hatte mich ja gar nicht ordentlich verabschiedet von meinen Lieben!

Plötzlich sah ich einen Seehund. Das bedeutete offenes Wasser. Ich machte kehrt, sprang wieder von Scholle zu Scholle und lief zurück so schnell ich konnte. Ein quälender Durst plagte mich. Ich steckte ein Stück Eis in den Mund, aber das half nichts.

Plötzlich sah ich ein Licht vor mir. Es war das Amrumer Leuchtfeuer. Und gleich darauf noch eines, das Hörnumer Feuer. Mir wurde ganz elend zumute. Nun wußte ich, wo ich war, und konnte doch nicht an Land kommen. Der Mond schien klar vom Himmel herab, und ich sah am Horizont einen ziemlich großen Stern, der alle Augenblicke verschwand. Es mußte wohl der Richtung nach das Feuer von Kampen sein! Ja, nun lauf nur drauf los!

Aber schon war ich wieder eingebrochen, bis an die Hüften im Wasser, und wo ich die Ellenbogen aufs Eis legte, um wieder heraus zu kommen, brach das Eis wieder durch! Endlich schaffte ich es. Und nun erging es mir sonderbar. Ich sah die große Einbruchstelle und war mit einem Male fest überzeugt, daß meine letzte Stunde noch nicht gekommen sei, sonst wäre ich hier nicht wieder herausgekommen! Da fand ich Worte zum Gebet und flehte zu Gott um mein Leben. Und dann hatte ich wieder Mut und lief weiter, immer nach Norden, auf den großen Stern, das Kampener Feuer zu. Ich wußte, einbrechen durfte ich nicht wieder, ich hätte keine Kraft mehr gehabt, herauszukommen.

Einige Male barst ganz in meiner Nähe die Eisdecke, das gab erst einen dumpfen Knall und dann einen zischenden Laut, so als wenn Dampf abgelassen wird. Mit Grauen dachte ich daran, daß das auch direkt unter meinen Füßen geschehen könnte.

Lange war ich so gelaufen. Die Zunge war mir vor Durst geschwollen. Aber da entdeckte ich Reif auf dem Eisberg, also Wasser ohne Salz. Das hat mir den Durst gelöscht. Als ich die Eisberge hinter mir hatte, meinte ich, Land vor mir zu sehen, aber beim Näherkommen waren es wieder nur Eisberge, und so ging es immer weiter.

Die Verzweiflung packte mich. Mir wurde kalt. Meine Mütze war mir verlorengegangen, ich band mir das Schultertuch um den Kopf. Die Mäntel waren steifgefroren, so daß ich sie nicht schließen konnte. Die Kleider hingen wie Tonnen um mich, meine Glieder waren taub.

Der Mond verschwand hinter einer großen schwarzen Wolke. Da kletterte ich auf einen hohen Eisblock und suchte mir eine Sitzgelegenheit. Ich wollte lieber erfrieren als ertrinken. Und dann kamen alle Gedanken, kamen alle meine Lieben, und alle hatten sie noch Wünsche, wollten noch etwas von mir, konnten mich noch nicht entbehren. Wunderliche Gedanken. Ich dachte an die guten Kleider, die ich anhatte. Die würde nun niemand mehr erben können. Die schönen Kleider! Das darf nicht sein! Also weiter! Ich kletterte von meinem Sitz herunter und begann wieder zu laufen.

Da, auf einmal, was war das? Erst vier helle Schläge und dann zwölf dunkle Schläge. Eine Uhr, eine Kirchenuhr! Gott sei Dank! Hinauf ging es auf den nächsten Eisberg, aber nirgends war Land zu sehen.

Nun lugte nahe am Horizont der Mond ein wenig hinter der Wolkenwand hervor, da glaubte ich so etwas wie einen Schornstein zu sehen. Doch dann verschwand der Mond wieder.

Lange lief ich so weiter. Das Kampener Feuer blendete mich schon fast, da endlich hatte ich den Schornstein groß vor mir, inmitten vieler Eisberge. Es war mir, als wenn die Eisfläche etwas schräge in die Höhe ging. Dann auf einmal hatte ich viele Schiffe zu meiner Rechten, ein Holzgitter zur Linken und Steinpflaster unter den Füßen. Land hatte ich,

Johanna Ruhsert als Bäuerin in Morsum

festes Land. Munkmarsch mußte es sein, und gleich muß ein Wegweiser kommen mit der vertrauten Aufschrift *Wiesenhof*.

Ich lief dahin. Den Wegweiser krampfhaft umschlungen, habe geweint, geweint wie noch nie! Nun nach Haus mit letzter Kraft! Als ich mich durch die menschenleere Straße schleppte, schlug die Uhr fünf. Da, das Haus, die Pforte, das Schlafstubenfenster! Mit beiden Händen schlug ich gegen die Fensterläden. Und als ich die Stimme des Mannes hörte, wußte ich: gerettet! Und brach zusammen.'"

Aus: Sven Simon (Hrsg.): „Abenteuer einer Insel", Hoffmann und Campe Verlag, Hamburg 1980.

Sturmflut vom 30. August 1923

„In diesem kritischen Zeitpunkte setzte am 30. August 1923 nachmittags eine Sturmflut ein, wie sie um diese Jahreszeit seit Menschengedenken noch nicht beobachtet worden ist. Unter dem Südweststurme von der Stärke 10 mit noch stärkeren Böen lief die See binnen kurzer Zeit bis zu einer Höhe 3 m über MHW auf. Keinerlei Vorzeichen hatten zur Vorsicht gemahnt, sondern unerwartet schnell wuchs der Sturm bis zu dieser Stärke an und entwickelte einen gewaltigen Seegang. Die Folgen waren verheerend. (...) Trossen und Ketten brachen. Spüler, Bagger, Dampfer, Spül- und Transportschuten trieben nach Norden, zerknickten die starken Dalben und Spülgerüste und durchbrachen die Rohrleitungen. Die zwischen den Buschdämmen aufgespülten leichten Bodenmassen vermochten den anrollenden Wogen nicht standzuhalten. In wenigen Stunden gingen

Fortsetzung Dammbau vom Festland: 1923
Der für den oberen Teil des Dammkörpers erforderliche Boden (Klei) wurde aus der Festlandsbaustelle Wiedingharde, mit Eimerkettenbagger der Lübecker Maschinenbaugesellschaft, entnommen. Diese Bagger hatte man auch schon im Braunkohlentagebau eingesetzt.

Atelier Rembrandt, Westerland.

Eine der vielen für Holzmann 1909 gebauten Henschel Dampfloks mit viel Material für den Kleidamm. Es wurden 500 000 cbm Kleiboden für die äußeren Schichten des Dammkörpers verwendet. Zur Verteilung des Trockenboden, wurden viele Hände benötigt.

Männer der Firma Holzmann & Co vor einer Henschel Lok. Atelier Rembrandt, Westerland

Flutwellen unterspülten die Baugleise und ließen den Zug entgleisen.

Besichtigung der Schäden nach der Sturmflut am 30. August 1923. Fotohaus Pförtner, Westerland

Gleisbau Rotte Festland beim Richten des Gleises auf dem Gleisboden, August 1923.

Wirtschaftsbarometer am 6. Oktober 1923.

Reichsbankdiskont	90 %
Goldankaufspreis	640 Dollar pro Kg.
Silberankaufspreis	15 000 000 fach
Eisenbahnschlüsselzahl für Personen .	30 000 000
" " Güter .	36 000 000
Fernbrief (20 Gramm)	2 000 000
Ortsbrief (20 Gramm)	800 000
Großhandelsindex (Stichtag 2. 10.)	84 500 000
Lebenshaltungsindex (Stichtag 1. 10.)	40 400 000
Ärzteindex (ab 4. Oktober)	50 000 000
Buchdruckerschlüsselzahl (ab 6. 10.)	5 000 000
Schlüsselzahl für Zeitungsanzeigen (6. 10. bis 12. 10.)	100 000
Hotelschlüsselzahl	30 000 000
Buchhändlerschlüsselzahl ab 6. 10. .	75 000 000
Goldzollaufgeld (ab 10. 10. bis 12. 10.)	13 689 999 900 %
(1 Goldzollmark = 137 000 000 Papiermark.)	
Landabgabe (10. 10. bis 12. 10.) . .	137 000 000

Turnen, Sport und Spiel.

✶ **Fußballsport.** Am letzten Sonntag schlug die 1. Jugendmannschaft des S. F. V. ihre Hamburger Gegner mit 7 : 0 (3 : 0): Nach anfangs zerfahrenem Spiel fanden sich die Sylter bald zusammen und lagen dauernd im Angriff.

Im Sommer 1923 hatte die Inflation in Deutschland ihren Höhepunkt erreicht. Die Reichsbank zahlte für eine Goldmark eine Billion Papiermark. Mit der Einführung der Rentenmark Ende 1923 stellten sich solide Währungsverhältnisse ein.

Sylter Zeitung vom 10.10.1923. Sylter Archiv, Westerland

etwa 250 000 cbm Boden verloren. Die Buschlahnungen und die Spülrohrleitung wurden in ganzer Länge von etwa 1200 m zerstört. Einzelne Rohre wurden von der See bis zu 2 km weit fortgetrieben, auch die Gleise wurden weit fortgespült. (…) Dank des Entgegenkommens der dänischen Behörden gelang es auch die jenseits der deutsch-dänischen Grenze angetriebenen Geräte und Baustoffe zu bergen.

Die im Jahre 1923 im Wattenmeer geleisteten Arbeiten waren bis auf geringe Reste vernichtet. Nur der vom Festland herausgebaute gepflasterte Kleidamm hatte wenig gelitten.

Nach Beendigung der Aufräumarbeiten ruhten die Arbeiten am Dammbau."

Aus: „Die Bautechnik", Berlin, 10. Februar 1928, 6. Jahrgang, Heft 6. Dr. Ing. H. Pfeiffer u. W. Mügge, Bau eines hochwasserfreien Eisenbahndammes vom Festland nach Sylt.

Am 30. August 1950 erscheint folgender Bericht im Südtondern-Tagesblatt:

„Am 30. August 1923 verheerende Sturmflut

Sturmfahrt der ‚Freya' – Untergang der ‚Wilhelmine'

Seemannstod auf heimatlichem Boden – Zerstörung des Syltdamms – Vernichtung der Ernte.

Laßt euch von den Syltern berichten! Sie tragen alle ihre Päckchen Erinnerungen an diesen Tag mit sich herum – und wenn ich sie erzählen höre und aus den Berichten der Sturmtag zu neuem Leben erwacht, dann fürchte ich, es könnte wieder einmal so kommen. Hören Sie, was die Sylter mir über diesen Tag erzählen, und was das Insel-Archiv darüber weiß: Der 30. August begann mit diesigem Wetter und südöstlichen Winden. Die ‚Freya', das Fährschiff zwischen der Insel und dem Festland, befand sich mit 200 Passagieren und 60 Kindern auf der Fahrt nach dem dänischen Hoyer, über das damals noch der gesamte Syltverkehr ging. Der spätere ‚Hindenburgdamm' war im selben Jahr in Bau genommen worden, steckte aber bei Klanxbüll noch in seinen Kinderschuhen. ‚Käptn Corl' von Westerland hatte die Nase in den Wind gesteckt und gemeint, daß er in Hoyer wohl wenig Wasser haben würde wegen des ablandigen Windes. Und dann war plötzlich vom Süd-Westen eine orkanartige Böe hergetobt gekommen, der Sturm hatte knallend die Schutz- und Sonnensegel heruntergerissen und einen solchen Sturm eröffnet, daß eine Fahrt auf Leben und Tod begann. Zugleich mit der auflaufenden Flut trieb der Sturm solche Wassermengen gegen Insel und Küste, daß die

Hoyer-Landungsbrücke mehr als 5 Fuß hoch überschwemmte und an ein Anlegen gar nicht zu denken war. So wurde die ‚Freya' vor der Brücke vertäut, riß sich unter dem Druck von Wind und Wasser aber los und drohte zu stranden. ‚Käptn Corl' brauste nun – und das war die einzige Rettung – mit seinem vollbesetzten Schiff über die Landungsbrücke hinweg und verdrückte sich in das offene Watt, wo er hinter Jordsand einigermaßen Schutz fand, bis Sturm und Wasser eine Landung zuließen. Zur selben Zeit war der Dampfer ‚Hertha' vom Wasserbauamt Husum mit zwei leeren Schuten im Schlepp unterwegs. Wegen des ungeheuerlichen Sturmes mußten die Schuten abgeworfen werden, und der Dampfer setzte seine Fahrt nach Husum alleine fort. Vor der Hallig Südfall sichtete er ein Schiff in schwerer Seenot. Es war die ‚Wilhelmine' der Brüder Jacob und Paul Jacobsen aus Westerland. Beim Versuch, die dreiköpfige Besatzung zu retten, havarierten die Schiffe. Nur mit ungeheuren Mühen gelang es, den jungen Jacobsen zu retten, während sein Vater und sein Onkel in den Wellen versanken. Sturm und Wasser wühlten mit ungeheurer Gewalt an der Baustelle des späteren ‚Hindenburgdammes'. Zwei Kilometer Buschlahnung wurden ausgewaschen, 60.000 cbm Erde riß die Strömung fort. Alle Schuten wurden nach Dänemark abgetrieben – eine versank. Sämtliche Geräte wurden beschädigt, umgestürzt oder weggespült – Bagger, Loren und Fahrzeuge, alle wiesen Schäden auf. Und auf der Insel selber drang das Wasser, von Westerland bis nach Nösse so weit ins Land, daß ein alter Lehrer mit Recht in seine Schulchronik schreiben konnte: ‚Seit Menschengedenken haben die Sylter solche Sturmflut nicht erlebt.' Überall in den Dörfern standen Häuser im Wasser und es sah stellenweise aus, als schaute man in einen Hafen, in dessen wildschäumender Flut Schiff an Schiff vor Anker lag – so weit waren die Strohdachhäuser vom Blanken Hans eingeschlossen. Nicht die erhebliche Höhe der Flut (es wurden 3,10 m über dem Meeresspiegel geschätzt) machte das Ergebnis so schrecklich, sondern die rasende Schnelligkeit, mit der die salze See in das Land stürzte. Während sonst bei ‚Land-unter' das Wasser langsam durch die Wehlen und Gräben einsickerte, brausten diesmal große, schäumende Flutwellen sausend über den höheren Ufersaum der Marschküste hinweg in das tiefe Land, und viele Versuche der Bevölkerung, das gefährdete Vieh zu bergen, mußten aufgegeben werden, um nur das eigene Leben in Sicherheit zu bringen, (in der kleinen Gemeinde Archsum ertranken damals 60 Schafe und drei Stück Großvieh). Selbst die Landstraße zwischen Keitum und Archsum wurde überschwemmt und der Schlachter Max Ratzlaff aus Wenningstedt, der sich auf dem Heimweg befand, sah sich plötzlich von den Fluten bedroht – mehr als 1500 m von der Wattküste entfernt – mußte abspannen und schleunigst zurückreiten. Nun erst gewahrte er Menschen, die nicht weit vom Dorf tief im jagenden Wasserstrom standen und anscheinend große Mühe hatten, sich gegen das Saugen der Flut und das Rasen des Orkans zu behaupten. Unter Einsatz seines Lebens rettete er ein zehnjähriges Mädel, die jetzige Frau Michelsen aus Morsum, mußte aber dann erleben, wie der Großvater des Kindes im rasenden schäumenden Strom versank. Das Kind war völlig verstört, denn es hatte soeben nicht nur seinen Großvater verloren, sondern auch die Oma war vor ihren entsetzten Augen verschwunden ‚untergeritten' durch die Wellen. So fanden der alte Fahrensmann Peter C. Matzen, der die Weltmeere besegelt hatte und seine Frau Inken angesichts ihres Hauses auf heimatlichem Boden den Seemannstod, als sie den Versuch unternahmen, dem Blanken Hans das Vieh abzutrotzen. Unterdessen heulte der Sturm weiter, deckte Häuser ab, zerfetzte Strohdächer, warf Lichtmasten um, wirbelte Heudiemen durcheinander, rollte Korngarben über die Stoppeln und drosch sie aus, zerbrach die Bäume, fetzte sämtliche Blätter herunter und warf das reifende Obst in den Dreck. Über dem untergetauchten Lande war ein Hexenkessel. Scharfe Strömungen wühlten im Erdreich, schlitzten die Grasnarbe der Wiesen von den Gräben her auf, warfen andere Gräben zu, rissen hunderte von Einzäunungspfählen heraus, in deren Drähten die ersoffenen Schafe hingen, spülten Kartoffeln und Rüben aus der Erde, schliffen den Acker glatt und droschen das auf dem Halm stehende Getreide aus – und alles war durch das Salz der See verdorben. Versalzen die Äcker, versalzen die Gärten, fortgespült die Kornernte und verdorben die Hackfrucht – Menschen ertrunken und Vieh verloren. Das war am 30. August 1923, als Sylt noch keinen Deich hatte."

Südtondern-Tageblatt vom Mittwoch, 30. August 1950

1924, neue Dammbaustrategie mit Spundwand

„Nach den schlechten Erfahrungen des Jahres 1923 war es notwendig, die bisher geplante Bauweise des Spülens zwischen Buschdämmen aufzugeben und den Dammbau so fortzuführen, daß er auch während der Ausführung starken Wellenangriffen standhalten konnte und durch die Konstruktion der Spüldämme Gewähr dafür geboten wurde, daß der Boden liegen blieb. Die Bauweise mußte ferner so gestaltet werden, daß es möglich war, die bei Verringerung des Durchflußquerschnittes sich vor Kopf verstärkte Strömung abzudämmen, was mit der Spülung zwischen Buschdämmen nicht zu erreichen war. Außerdem mußte Vorsorge getroffen werden, gleichzeitig den Vorbau eine leistungsfähige Gleisanlage vorzustrecken, damit etwa bei eintretenden Gefahren in kürzester Frist große Baustoffmengen zur Sicherung an die Gefahrpunkte gebracht werden konnte.

Es wurde daher beschlossen, zunächst nur probeweise im Osterley an dem Südfuße des Dammes eine bis zur Höhe NN + 1,10 m, das ist 0,25 m über MHW, reichende Spundwand zu schlagen. Diese war durch

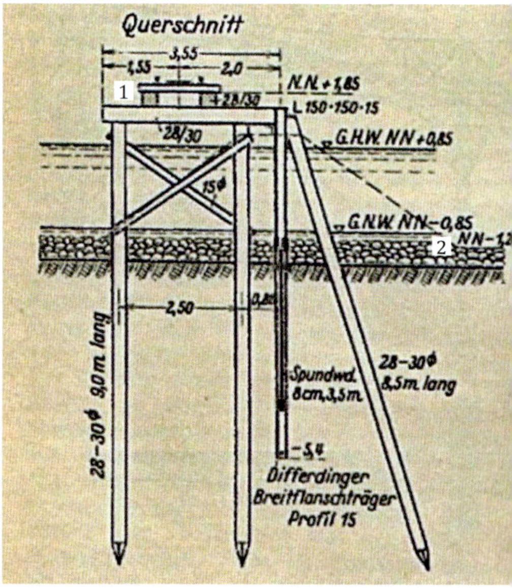

Querschnitt einer Spundwand.
1 = Baugleis 90 cm
2 = Steinschüttung

Aus: „Die Bautechnik" Berlin 10. Februar 1928, 6. Jahrgang.

zwei Pfahlreihen, die zugleich ein Gleis trugen, abzusteifen. Gegen die Angriffe der See war die Spundwand durch beiderseitige Einschüttung mit Steinen zu sichern.

Sobald es die Eisverhältnisse gestatteten, wurde mit dem Bau der Spundwand anschließend an den bestehenden Kleidamm nach Westen begonnen. Spundwand und Absteifungspfähle wurden von leichten mit Hand geschlagenen Gerüsten aus mit Handrammen gerammt, alsdann verzimmert und verbolzt. Auf die Holzkonstruktion wurde ein Gleis von 90 cm Spur verlegt und die Spundwand beidseitig mit Steinen eingeschüttet."

Aus: „Die Bautechnik", 10. Februar 1928, 6. Jahrgang, Heft 6. Dr. Ing. H. Pfeiffer u. W. Mügge, Bau eines hochwasserfreien Eisenbahndammes vom Festland nach Sylt.

Der Dammbau nach Sylt.

„Jetzt ist es hoffentlich aus mit dem Wahnwitz, den der Dammbau bei Klanxbüll darstellt." Diese Aeußerung kann man in diesen Tagen wieder und wieder von Leuten aus Dagebüll hören, wenn die Rede auf die Schäden kommt, die die Sturmflut kürzlich bei dem Damm verursacht hat." Wir glauben nicht, heißt es dann weiter, da ßder Damm in erster Linie für den Verkehr der Badegäste von und nach Westerland gebaut wird. Nein, der wird gebaut, so wunderlich es auch in diesen für Deutschland bedauernswerten Zeiten lauten mag, in erster Linie in kriegerischer Absicht, damit er — indem die Verbindung mit den während des Krieges auf Sylt gebauten starken Batterien hergestellt wird — ein wichtiges Glied in der militär-politischen Verteidigung der friesischen Küste werden kann."

⌗ **Dammbau Festland-Sylt.** Aus Husum wird geschrieben: In Verbindung mit den von der großen Sturmflut den Dammbauarbeiten Festland-Sylt zugefügten schweren Schäden tauchten Gerüchte über die Frage der Fortsetzung der Arbeiten auf. Wir erfahren von zuständiger Stelle über die Situation, daß die bei der letzten Sturmflut eingetretenen Beschädigungen der Dammbauarbeiten Festland-Sylt wohl zu einer zeitraubenden und auch teureren Bauweise, als wie bisher vorgesehen war, zwingen werden. Eine Entscheidung, daß die Dammbauarbeiten eingestellt werden sollen, ist jedenfalls bisher nicht getroffen. Wenn in diesem Herbst am Damm nicht weiter gearbeitet werden wird, so liegt das daran, daß die Bergung und Instandsetzung der von ihren Arbeitsplätzen vertriebenen Großgeräte und Fahrzeuge sowie die Neubeschaffung von Baustoffen so lange Zeit beanspruchen wird, daß eine Wiederaufnahme der eigentlichen Arbeiten mit Rücksicht auf die Jahreszeit keinen Erfolg mehr verspricht.

Sylter Zeitung vom 11.09.1923, Sylter Archiv, Westerland

Erste Rammarbeiten der Spundwand vom Festland (Klanxbüll) aus. Die Rammung der Pfähle erfolgte mit der Handramme.

Arbeiten mit der Handramme.

Fotohaus Pförtner, Westerland

Einspülen von Wattenboden in die unteren Schichten des Dammes.

1 Spundwand
2 Buschdamm
3 Spülleitung
4 Sylt

Skizzen aus: „Verein deutscher Ingenieure." Direktor Kümmel, Reichsbahn Altona, Januar 1928

1 Spundwand
2 Buschdamm
3 Steinschüttung
4 Handramme
5 Sylt

Die Pfahlreihen sollten ein Gleis von 90 cm Spurweite tragen, das zum beiderseitigen Einschütten der Spundwand mit Granitsteinen mittels Stahlmulden–Kipploren von 2 cbm diente. Lokomotiven von 30 RS mit nur 7 t Dienstgewicht extra zum Steintransport auf der Spundwand gebaut.

Die Spundwand konnte eine Lok mit bis zu 15 Kipploren von je 2 cbm tragen.

Schuten bringen das benötigte Baumaterial an den Damm, hier eine Ladung Granitschotter.
Sammlung Lauritzen, Hamburg

„Beim Vortrieb der Spundwand durch das Osterley nach Westen verstärkte sich mit der Einschüttung des Durchflußquerschnittes die Strömung derartig, daß vor Kopf Kolke von 7 bis 9 m unter MHW entstanden, die beim Weiterbau trotz Sicherung der Wattsohle durch Steinschüttung auf Buschlagen vor Kopf mitwanderten. Es mußten daher schwere Gerüste gebaut werden, von denen aus Spundbohlen aus Holz oder Stahl bis zu 12 m Länge gerammt wurden.

Um das mit dem Vorbau der Spundwand gleichzeitige Vortreiben des Kolkes zu begrenzen, wurde schließlich westlich des Kolkes auf hohem Watt ein Stück Spundwanddamm hergestellt und mit Steinen gesichert, und dann wurde von beiden Seiten der Kolk geschlossen. Für die Verbauung des Osterley wurden trotz großer Anstrengung 3 Monate gebraucht. Im Herbst 1924 wurde die Durchdämmung der Osterley beendet. (...)"

Aus: „Die Bautechnik", 10. Februar 1928, 6. Jahrgang, Heft 6. Dr. Ing. H. Pfeiffer u. W. Mügge, Baueines hochwasserfreien Eisenbahndammes vom Festland nach Sylt.

„Der im Trockenbetriebe geförderte sandige Kleiboden hielt bei Überflutungen dem Wellenschlage erheblich besser stand als der gespülte Boden. Die Verluste an Kleiboden bei Sturmfluten waren gering. Neben den Trockenbauschüttungsarbeiten gingen die Böschungsarbeiten planmäßig einher. Sobald ein Böschungsstück fertig geschüttet war, wurde es innerhalb weniger Tage mit Böschungspflaster von etwa 700 kg/qm Gewicht geschützt.

Nachdem mit dem Vorbau des mit Steinen eingeschüttetem Spundwanddamm eine bewährte Bauweise zum Abdämmen der Strömung gefunden war, die auch bei Sturmflu-

Aufspülung des unteren Teils des Dammkörpers. Der Boden hierfür wird durch schwimmende Eimerbagger aus dem Watt entnommen und mit Spülrohrleitung auf den Damm befördert. Der nördliche Dammfuß wird, um den Spülboden festzuhalten, durch Buschdämme befestigt.

ten standhielt, kam es darauf an, das Wattenmeer in möglich kurzer Zeit in der Dammlinie völlig durchzubauen.

Die in Jahre 1924 gewählte Bauweise hatte sich bewährt. Es war aber notwendig, den Bau schneller zu fördern. Ein schneller Baufortschritt war schon durch das Interesse der Reichsbahn und die befristeten Abmachungen mit Dänemark über den gastfreien Durchgangsverkehr über Hoyerschleuse bedingt. Ferner aber lag die Gefahr nahe, daß sich bei langsamem Baufortschritt die offen bleibende Strecke durch den dauernd hin und her gehenden Gezeitenstrom vertiefen würde. In der Nähe von Sylt war das Watt verhältnismäßig tief. Die **Schlußstelle des Dammes** durfte daher nicht hierher verlegt werden, sondern es mußte auch von der Insel Sylt aus vorgebaut, und die Schlußstelle auf das hohe Watt (...) gelegt werden (...)."

Aus: „Die Bautechnik", Berlin 10. Februar 1928, 6. Jahrgang, Heft 6.

Der Durchlass für die Gezeitenströmungen wurde als letztes geschlossen. Fotohaus Pförtner, Westerland

„**Das Abschneiden der Strömung** sollte auf der ganzen noch offenen Strecke bis zur Insel Sylt mit dem im Osterley erprobten Spundwanddamm geschehen. Für das Schließen der vorhandenen Priele, insbesondere des Holländer Lochs, waren allerdings besondere Vorkehrungen zu treffen.

Das Durchrammen der großen Priele war, wie sich im Osterley gezeigt hatte, zeitraubend, recht teuer und unter Umständen sogar unmöglich, wenn durch Auskolkungen so große Tiefen entstanden, daß sie mit Spundwänden nicht mehr zu durchbauen waren. Auch war zu befürchten, daß die Strömung beim Durchrammen der Priele mit dem Vortrieb wandern und dauernd Kolke verursachen würde. Der Vortrieb war daher von der Strömung zu entlasten, d.h. die Priele waren zunächst offen zu lassen. Um Auskolkungen in die Durchlassöffnungen zu verhindern und ein späteres gefahrloses Schließen zu ermöglichen, war eine wehrartige Konstruktion anzuwenden, durch die die Flut- und Ebbeströmungen während des Weiterbaues des Spundwanddammes unschädlich hindurchgehen konnten."

Aus: „Die Bautechnik" Berlin, 10. Februar 1928, 6. Jahrgang, Heft 6.

Es muss auch von Sylt her vorgebaut werden.

„Die örtlichen Verhältnisse auf der Sylter Seite erwiesen sich als recht günstig für den Vortrieb des Dammes von der Insel aus. Vom Westerley aus führte ein Fahrwasser, das sogenannte Landtief, bis ungefähr 500 m an die Insel (Nösse) heran; dieses Fahrwasser hatte eine Tiefe von 2,50 m bei MHW und war somit für die 2,00 m tiefgehenden Geräte um die Hochwasserzeit ohne Schwierigkeiten befahrbar.

Dann aber wurde auf dem Morsumer Höhenrücken durch umfangreiche Bohrungen ein Ton erschlossen, der in seiner Beschaffenheit nach zum Abdecken des Dammes geeignet war und seiner Menge nach für die westliche Dammhälfte ausreichte. Weiter wurde durch die Bohrungen Süßwasser in solchen Mengen gefunden, daß damit nicht nur die Inselbaustelle, sondern auch die Festlandsbaustelle mit dem notwendigen Trink- und Betriebswasser versorgt werden konnte. Bisher mußte das Süßwasser aus großer Entfernung herangeschafft werden, da in der Festlandsmarsch außer durch Zisternen kein Süßwasser gewonnen werden kann.

Zur Bewältigung der groben Bodenarten gehörte leistungsfähiges Gerät. Da die schweren Rückschläge, die auf der Festlandsbaustelle erlitten waren, hier nicht befürchtet zu werden brauchten, konnte man mit gutem Grunde auf die leistungsfähigen großen Eimerbagger und Schutensauger mit festen Spülgerüsten zurückgreifen.

Die Schwierigkeit lag bei Nösse in der Materialversorgung. Die erforderlichen Pflaster- und Schüttsteine, Hölzer und Busch waren von Husum aus auf dem Seewege heranzufahren. Der anzustrebende Baufortschritt erforderte die Anlage einer leistungsfähigen Umschlagsanlage im Landtief, die in Gestalt einer dreigleisigen Löschbrücke von 60 m nutzbarer Länge mit zwei Portaldampfdrehkränen von 2 600 kg Tragfähigkeit herzurichten war."

Aus: „Die Bautechnik" Berlin 10. Februar 1928, 6. Jahrgang, Heft 6.

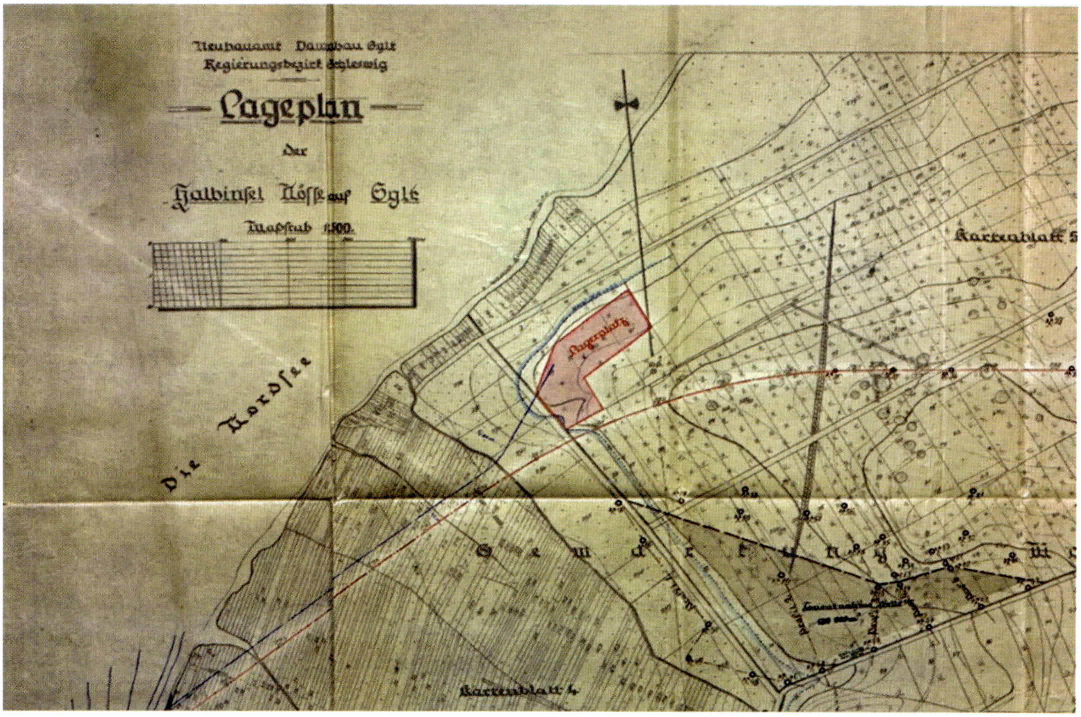

Entwurf eines Lagerplatzes auf Nösse, 1924 — Kreisarchiv Nordfriesland, Husum

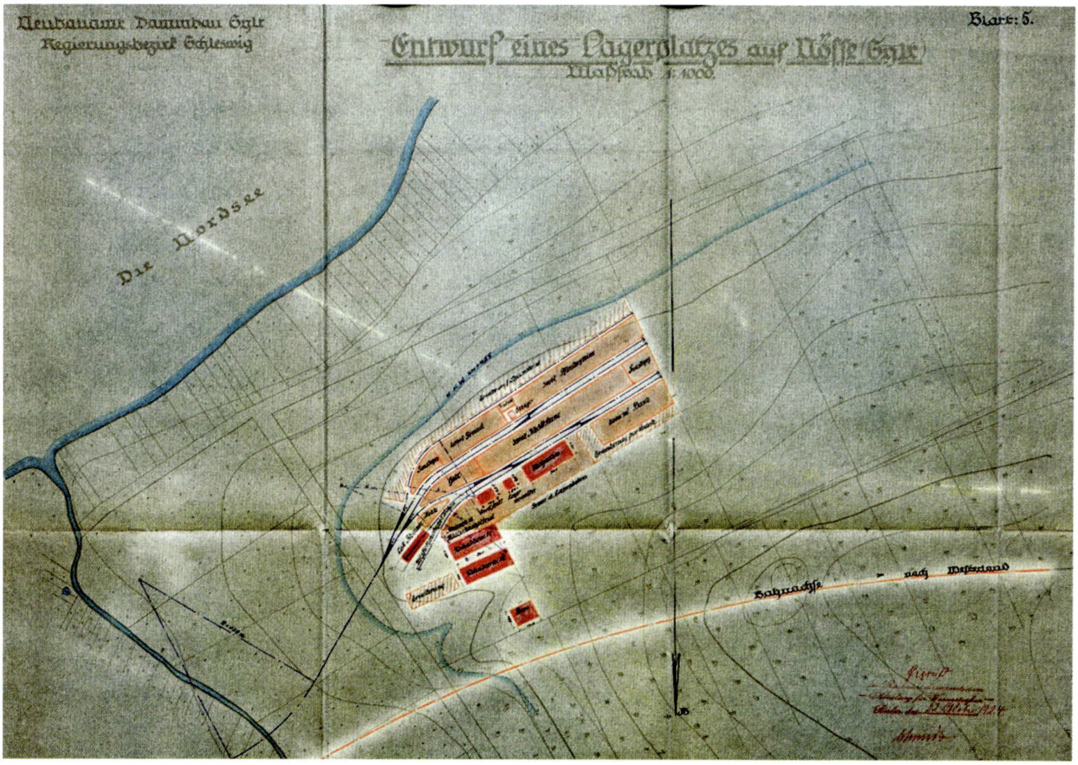

Planungsskizze des Material- und Wohnbarackenlagers Nösse, Skizze 1924 — Kreisarchiv Nordfriesland, Husum

Foto des Material- und Wohnbarackenlagers der Firma Fix Söhne, Duisburg.

Blick auf Nösse von Osten

Fotohaus Pförtner, Westerland

Nordseeluft macht hungrig. Bis zu 1500 Dammbauer waren auf beiden Seiten in Tag- und Nachtschichten eingesetzt. Es wurde rund um die Uhr gearbeitet.

Familie Hoyme vor dem „Gasthaus zum Dammbau".

Schaltzentrale Nösse Dammbau Sylt. Der Winter 1924/25 war so milde, dass sowohl der Bau der Löschbrücke wie auch die Einrichtung eines sturmfreien Lagerplatzes auf dem 800 m von der Nössespitze entfernten Morsumer Höhenrücken mit Gleisen, Wohn- und Magazinbaracken, Werkstätten und Büros im Frühjahr beendet war. Gesamtansicht der Halbinsel Nösse. Blickrichtung nach Osten (Festland). Nördlich der Bahntrasse das Material und Barackenlager. Am linken Bildrand baute die Reichsbahn ein Dammwärterhaus, das bis heute erhalten ist.

Fotohaus Pförtner, Westerland (Foto Glasplatte)

Dampfbagger bei der Arbeit auf der Halbinsel Nösse Sylt

Atelier Rembrandt, Westerland

Der Durchstich in Morsum. Die gewonnene Trockenmasse wird zum Dammaufbau verwertet. Mit dem Ton aus dem Baggerloch-Nösse wird der Kern aus Klei- oder Sandboden mit einer 75 cm Schicht überdeckt.

Fotohaus Pförtner, Westerland.

Die Halbinsel Nösse durchschneidend, vorbei an den Dörfern Morsum, Archsum und Keitum, durchquert die 13 km lange Bahnlinie, mit bis zu 10 m tiefen Einschnitten in der Morsumer Heide, den Endpunkt Westerland. Der gewonnene Aushub eignete sich sehr gut zur Dammauffüllung.

Atelier Rembrandt, Westerland.

Großer Spülbagger mit Schutensauger am Ende der Löschbrücke.

Luftaufnahme von Fotohaus Pförtner, Westerland. Sammlung Lütje Thaysen, Archsum.

Ein beeindruckendes Bauwerk war die Löschbrücke vor der Nösse, mit den zwei Portalkränen. Dort wurden die von Husum per Schiff kommenden Baumaterialien gelöscht. Links im Bild eine Wohnschute.

Luftaufnahme Fotohaus Pförtner, Westerland

Das Spülfeld hat von der Insel die Löschbrücke erreicht. Materialschiffe löschen Steine zum Versteifen der Spundwand. Unten füllt ein Eimerkettenbagger die Schute neben dem Schutensauger. Es haben div. Materialschiffe festgemacht.

Luftbild Pförtner, Westerland

Die Spundwand bei Flut. Im Hintergrund die Löschbrücke und Materialschiff.

Löschbrücke. Aufwändige Gerüste für die Spülleitung. Ein im Hintergrund arbeitender Spülbagger fördert ununterbrochen Material ins Spülfeld. Fotohaus Pförtner, Westerland

Die Spülleitung wird von der Löschbrücke ins Dammbett geleitet Fotohaus Pförtner, Westerland

Trockenschüttung. Hintergrund rechts die Löschbrücke. Das Foto zeigt den Baumeister mit dem Sohn des Fotografen Ferdinand Pförtner. Der Damm hat bereits 2 m Höhe über MHW erreicht. Fotohaus Pförtner, Westerland

Blick auf die Löschbrücke von der Südseite, hier sichert eine Steinsetzerkolonne den Dammfuß unterhalb der Spülleitung mit Basaltblöcken. Fotohaus Pförtner, Westerland

Im Hintergrund ein Schutensauger. Foto Pförtner, Westerland

Baufortschritte 1925/26

„Im Frühjahr 1925 wurde der Bau des Spundwanddammes von beiden Seiten energisch in Angriff genommen. (...) Die Rammung der Spundwand und der Ankerpfähle geschah auf beiden Baustellen vorwiegend mit der Handzugramme; nur wo größere Wassertiefen vorhanden waren, wurden Ankerpfähle durch eine Dampframme geschlagen. (...) Die Rammen waren den häufigen Überflutungen und dem Wellenschlag ausgesetzt. (...) Die gute Witterung und vorzüglich eingearbeitete Rammkolonnen förderten die Arbeiten über das vorgeschriebene Programm hinaus derart, daß man sich entschließen konnte, den Zusammenschluß noch im Herbst des Jahres 1925 zu wagen. Er wurde am 16. September ausgeführt, also früh genug, um die Wehre durch Schütztafeln zu schließen und die Spundwand noch vor Eintritt der Sturm- und Eisperiode überall durch Steinschüttung zu sichern. Die Schlußstelle lag auf der Dracht, einem hohen Watt zwischen Westerley und dem alten Sylter Ley. (...)“

Aus: „Die Bautechnik“, Berlin 10. Februar 1928, 6. Jahrgang, Heft 6.

„Die Leistungen beim Bau des Spundwanddammes waren außergewöhnlich hoch. Im Laufe der letzten sechs Monate, vor dem Zusammenschluß, waren 8 000 m oder im Durchschnitt täglich 53 m hergestellt worden, und es waren nicht allein Prämien, durch die die Vortriebskolonnen angesporn wurden, sondern es war das Interesse am Werk selber, das die Leute auch bei Sturm und Regen vorwärtstrieb.“ „Zum Einschütten des Spundwanddammes wurden 120 000 t Granitsteine eingebracht. Der mit Steinen eingeschüttete Spundwanddamm bildete einen festen Wall, der auch bei Überströmung und Eisschub unbeschädigt blieb.

„Nössebrücke". Einweihung der Zusammenführung beider Spundwände von Ost und West im September 1925.
Foto: Atelier Rembrandt Westerland

Nachdem die Strömung durch die Spundwand abgedämmt war, ging der im Frühjahr 1925 wieder aufgenommene Spülbetrieb planmäßig vor sich. (...) Zur vollständigen, im Hinblick auf die Eigenart des Baues unerläßlichen Ausnutzung der Geräte wurde in zwei Schichten, von je zwölf Stunden, ununterbrochen gearbeitet. Die Spülung erreichte im Herbst 1925 die Ostkante des Holländer Loches. (...) Den Spülarbeiten unmittelbar folgend wurden die oberen Schichten des Dammes durch Trockenförderung aufgebracht. Auf der Festlandbaustelle war die Unternehmung Philipp Holzmann AG im Einsatz. (...)

Der Lorenzug mit Tonboden zur Abdeckung des Dammes.

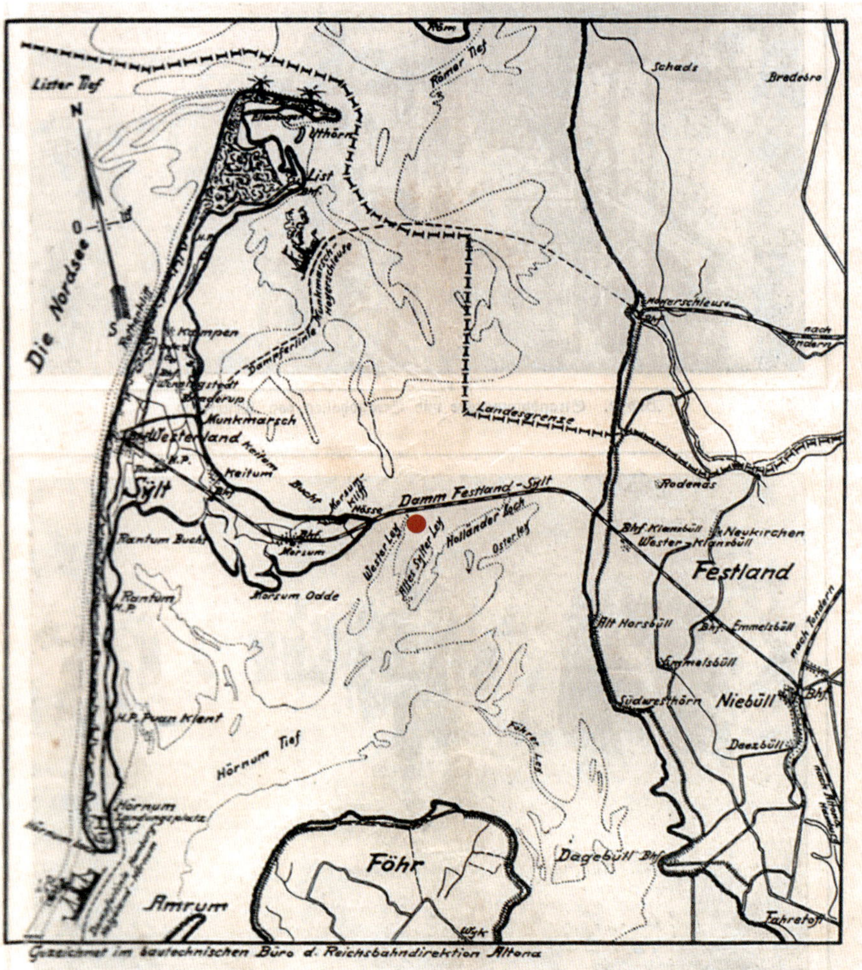

Der rote Punkt zeigt den **Zusammenschluss im hohen Watt, zwischen Wester Ley und Sylter Ley.**

Die Überwindung der vier Priele, Wester Ley, Sylter Ley, Holländer Loch und Oster Ley, bereitete den Dammbauern große Schwierigkeiten.

Auf der Inselseite wurde der Boden aus dem Bahneinschnitt durch den Morsumer Höhenrücken entnommen. Dort hatte die Firma Peter Fix Söhne G. m. b. H. Duisburg-Meiderich, zwei Löffelbagger mit 2 cbm Löffelinhalt eingesetzt. Der Förderboden war ein reiner trockener Sand, ein Material, mit dem ohne Schwierigkeiten gute Leistungen erzielt werden konnten. Zum **Abdecken des Dammes** wurde etwas nördlich des Bahneinschnittes **Tonboden** entnommen. (...) Die Verteilung des Tones in dünner Lage über den gesamten Dammkörper erforderte viel Gleis und Handarbeit.(...)

Fortschreitend mit dem Vortrieb war auf dem Spundwanddamm ein Fördergleis von 90 cm Spur vorgestreckt worden, so daß einige Tage nach dem Zusammenschluß die Gleisbildung zwischen dem Festland und der Insel hergestellt werden konnte. Die Sylter Baustelle wurde dadurch unabhängig vom Seetransport und ihre Versorgung mit den notwendigsten Baustoffen vom Festlande aus sichergestellt. Vor Herstellung der Gleisbindung war eine Flotte von 30 Seglern und drei Schleppdampfern mit 20 Schuten mit dem Baustofftransport von Husum nach Nösse beschäftigt gewesen."

Aus: „Die Bautechnik", Berlin 10. Februar 1928, 6. Jahrgang, Heft 6.

„Dank der Bemühungen beider Unternehmer, Peter Fix Söhne u. Philipp Holzmann, gelang es, die Erdarbeiten bis zum Herbst 1926 nahezu zu vollenden. Dem Fortschreiten der Erdarbeiten folgend, wurden die **Böschungen des Dammes gepflastert und gesodet.**

Anfangs wurde das Pflaster in Granit ausgeführt, bald aber ging man zu Basaltpflaster aus 30 cm langen Säulen über. (...) Auch sind Basaltsäulen schneller zu pflastern als Granitsteine und haben gegenüber diesen verschwindend geringeren Abfall, so daß das Basaltpflaster trotz des höheren Beschaffungspreises und der höheren Frachten kaum teurer wurde als Granitpflaster. Vor allem aber war Basalt in den benötigten Mengen, 200 000 qm, schnell genug zu beschaffen. (...) Zum Pflastern wur-

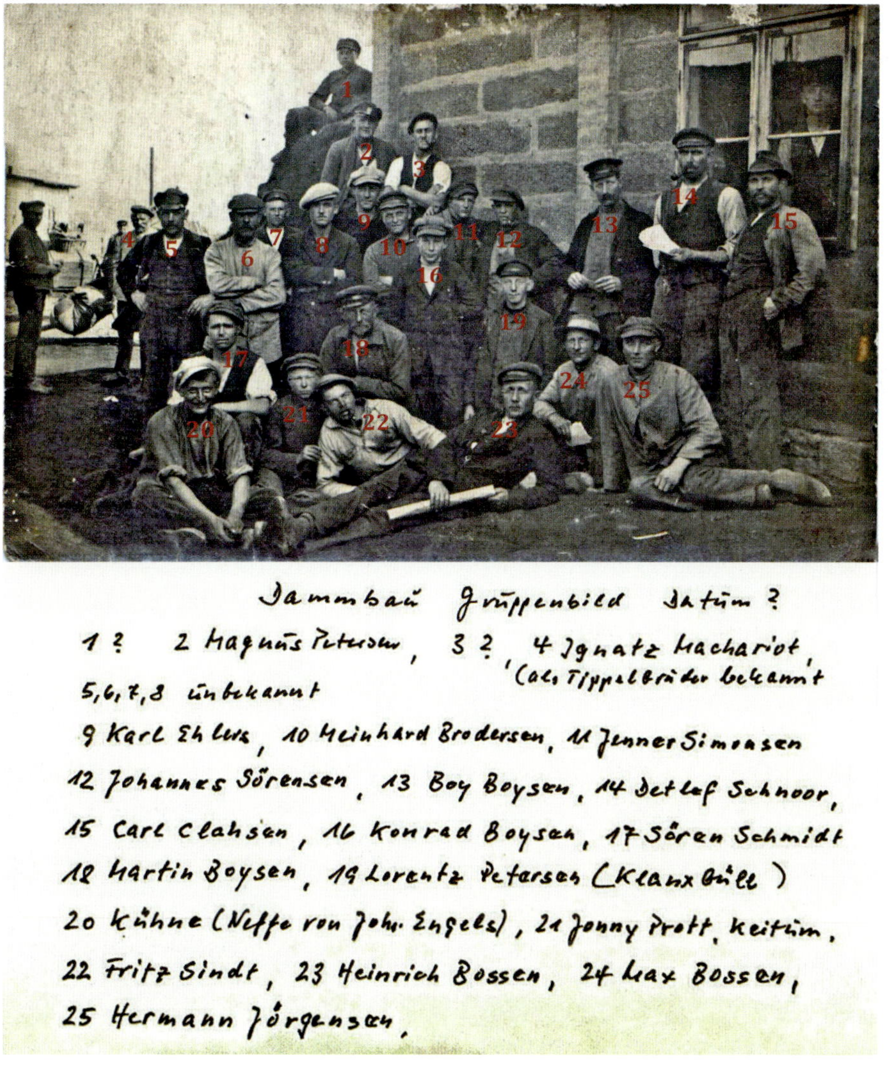

Das Foto zeigt einige nordfriesische Dammbauer, fast alles Sylter.

Auch ein „Tippelbruder" (Nr. 4 Ignatz Machariot) war auf Sylt gestrandet und fand eine Beschäftigung beim Dammbau.

Archiv Lütje Hinrich Thaysen, Archsum

Böschungspflasterung mit Granit auf der Festlandseite. Fotohaus Pförtner, Westerland.

Dammbauer mit Rasensoden vom Festland.

Arbeiter am Dammfuß beim Pflastern mit Basaltsäulen. Fotohaus Pförtner, Westerland

den zunächst geübte Leute aus dem Rheinlande herangezogen. Bald aber lernten auch die Einheimischen Arbeiter das Pflastern mit Basaltsäulen und vermochten ein den Anforderungen entsprechendes, dichtes Pflaster herzustellen.

Die Grassoden wurden auf dem Wiedingharder Vorlande zwischen dem Damm und der deutsch-dänischen Grenze entnommen."

Aus: „Die Bautechnik", Berlin 10. Februar 1928, 6. Jahrgang, Heft 6.

„**Am 9. bis 12. Oktober 1926** wurde der noch nicht völlig fertiggestellte Damm einer **schweren Belastungsprobe durch Sturmfluten** unterworfen. Die See erhob sich an diesen Tagen an der Baustelle bis 2,50 m über MHW und erreichte in mehreren Tiden diese Höhe. In der Nacht vom 9. zum 10. Oktober herrschte Südweststurm, an den folgenden Tagen Nordweststurm. Beide Dammböschungen hatten also den Angriff der Wogen zu erleiden. Es zeigte sich, daß die Pflasterung allen Angriffen der See vorzüglich standhielt. Der über der Plasterhöhe liegende, teilweise frisch gesodete, teilweise nur roh geschüttete Dammteil wurde jedoch nicht unerheblich geschädigt. Aus diesem Grunde wurde auf der Böschung im Laufe des Winters 1926/27 und im Sommer 1927 das bewährte starke Basaltpflaster auf Granitunterbettung im allgemeinen in einer Breite von 4 m, an den besonders gefährdeten Stellen, nämlich im Holländer Loch und den ersten 2,5 km der Südseite, in einer Breite von 5 m verlegt."

Aus: „Die Bautechnik", Berlin 10. Februar 1928, 6. Jahrgang, Heft 6.

Männer vom Bautrupp mit den Baumeistern vor dem Materiallager und der Lorenbahn.

Ohne die kräftigen Loks wäre der Dammbau nicht zu bewerkstelligen gewesen.

Das wichtigste Werkzeug der Dammbauarbeit war die Schaufel.

Dammarbeiter am Materiallager und der Werkstatt auf dem Betriebsgelände.

Mit Spaten ausgerüstete Arbeiter auf der Lorenbahn.

Fotohaus Pförtner, Westerland

Zum Abschied von Klanxbüll am 8.8.1926.

Gleisarbeiten Anfang 1927 auf der Inselstrecke Richtung Westerland. Die Schienenstränge im Profil S 49 wurden, wie zu der Zeit üblich, auf Holzschwellen verlegt. Fotohaus Pförtner, Westerland

Verlegung der Schienen bei Tinnum 1927. Fotohaus Pförtner, Westerland

Eine Dammkolonne an der Gleisrichtmaschine. Foto: Beyer

Richtfest Stellwerk „WO“ Westerland. Fotohaus Pförtner, Westerland

Verlegen einer doppelten Kreuzungsweiche am Stellwerk „WO". Bahnhof Westerland, 1927. Fotohaus Pförtner, Westerland

Bau einer Drehscheibe Westerland. Fotohaus Pförtner, Westerland

Hier wird die Baustelle für den Bahnhof Westerland vorbereitet. Fotohaus Pförtner, Westerland

Der Bahnhof Westerland im Rohbau. Wegen des morastigen Grundes war eine Pfahlgründung erforderlich.
Fotohaus Pförtner, Westerland

Der Bahnhof Westerland ist fertig und geschmückt für die Dammbaueinweihung am 1. Juni 1927
Fotohaus Pförtner, Westerland

Dammbaueinweihung am 1. Juni 1927

Dammbauausgabe der Sylter Zeitung 1. Juni 1927
„Die Reichsbahnbauten auf Sylt
Die neue Eisenbahnstrecke Klanxbüll – Westerland erforderte auch die Ausführung zahlreicher Hochbauten. Die Stationen Morsum und Keitum erhielten eigene Bahnhöfe, in Tinnum wurde eine Wartehalle aufgeführt, und in Westerland schließlich entstand ein Bahnhof, den man wohl als den größten und vor allen Dingen modernsten an der schleswig-holsteinischen Westküste bezeichnen darf.

Montag, den 21. März 1927
Bahnbau. Am heutigen Montag ist beim Bahnbau Sylt – Festland wieder

Bahnhof Morsum

Wartehalle Tinnum

Bahnhof Keitum

ein erfreulicher Fortschritt zu verzeichnen. Die Schienen des vollspurigen Gleises sind so weit gelegt, daß bei Archsum nur noch wenige Meter die beiden Arbeitstrupp von einander trennten. Diese Lücke ist heute geschlossen worden, so daß Lokomotiven und Wagen der Reichsbahn nunmehr erstmalig vom Festland bis nach Westerland verkehren können.

Einfahrt des ersten Personenzuges über den Damm. Auf der Lokomotive und dem Wagen befanden sich die Herren Baurat Griebel, Ingenieur Gembatzki, Bauunternehmer Andreas Fix und Pastor Johler.
Fotohaus Pförtner, Westerland

Damit ist ein neuer Markstein gesetzt dem gewaltigen Werk des Damm- und Bahnbaues, das die Insel Sylt mit dem Festland verbindet und der Nordsee das einst geraubte Land wieder abgewinnen soll.

Sonnabend, den 2. April 1927
Der Reichsbahnzug auf dem vollspurigen Gleis traf heute Vormittag 10.15 Uhr mit Baumaterial vom Festland für die Bahnanlagen in Westerland ein. Die Lokomotive wurde kurz vor Westerland mit Girlanden und Fahnen geschmückt. Auf Lokomotive und Wagen befanden sich die Herren Baurat Griebel, Ingenieur Gembatzki, Bauunternehmer Andreas Fix und Pastor Johler. Der Zug wurde festlich empfangen von Herrn Baurat Lay und von den hiesigen Photographen auf der Platte festgehalten.

Der erste Personenzug wird am morgigen Sonntag über den Wattenmeerdamm nach Westerland kommen. Es handelt sich um einen Sonderzug, der mit 30 Herren der Reichsbahn-Betriebsinspektion Altona unter Führung des Reichsbahnoberinspektors Ebharth nach hier abgelassen wird. Der Zug fährt heute Mittag ab Altona, die Teilnehmer übernachten in Niebüll. Am Sonntagvormittag wird der Zug dann langsam den Damm befahren und gegen Mittag in Westerland eintreffen. Die Fahrt bezweckt eine eingehende Inspektion der Damm- und Bahnanlagen."

Dammbauausgabe Sylter Zeitung vom 1. Juni 1927

27. Jahrgang — Dammbau-Ausgabe, 1. Juni 1927 — Nummer 126
Preis 50 Pfennig

Sylter Zeitung

Bezugspreis mit sämtl. Beilagen für den Monat 1.90 R.-M. frei Haus. Die Sylter Zeitung erscheint täglich mit Ausnahme der Sonn- und Feiertage. Die Ausgabe erfolgt am Nachmittag. Tel. Nr. 349. Drahtanschrift: Zeitung.

Amtl. Anzeigenorgan für die Stadt Westerland, den Amtsbezirk Sylt und weitere Behörden. Einzige täglich erscheinende Zeitung auf den Nordfriesischen Inseln. Vereinigt mit „Sylter Intelligenz-Blatt" seit 1923.

Anzeigen werden die 6spalt. Kleinzeile mit 20 R.-Pf. berechnet, Reklamen das 4fache. Anzeigen-Annahme bis 9 Uhr vorm. Zahlbar bei Bestellung oder sofort nach Rechnungserhalt. Bei Wiederholung Ermäßigung nach dem Tarif.

Nachrichten- und Anzeigenblatt für die Insel Sylt

Der deutsche Damm

von Ernst Beißert, Westerland.

Wohl haben sie einst zusammengehört,
Sylt und sein Mutterland,
Und haben gelacht ob des blanken Hans,
der lauernden Sprunges stand
Vor Heim und Herd mit lüsternem Blick;
sie gaben, sorglos, kaum acht;—
Und er sprang heran und riß sie entzwei,
war stärker, als sie gedacht;—
Und er schluckte gierig Stück um Stück;
Jahrtausende zogen vorbei.———
Da quoll aus nachtdunkler Not empor
ein starker, ein zwingender Schrei:
„Trutz, blanke Hans!"—

Horch, wie versunkene Heimat klagt!
Wie sie aufringt nach Leben und Licht!
Wie zum Kampfe sie fordert: „Frisch auf und gewagt"
Hörst du den Heimatruf nicht?:
„Trutz, blanke Hans!"—

Da strafft sich der Friesen hartes Geschlecht
zum Kampf mit dem Unhold im Grund;
Jahrtausende dauert das Ringen schon an;
Und wer kennt die letzte Stund?—
Den letzten Schrei?—
Ach, einerlei!
Die Heimat ruft!
„Trutz, blanke Hans!"—

Und wir holten zurück
Ganz mühsam nur — Stück um Stück —
In rastlosem Ringen — Tag für Tag —
Versunkene Heimat, —
Und fragten den Meergott nicht, ob er es mag;
Und sicherten Boden — Schritt für Schritt —
Durch Buhnen und Deich und Dünenhalm —
Und fragten nicht, ob er es litt; —
Und streckten den Arm nach dem Mutterland aus
und fanden die helfende Hand, —
Und als Wunderwerk wuchs aus dem Wattenmeer
der Damm, das vereinende Band,
Der neue Weg, der deutsche Weg!
Das Wahrzeichen deutscher Art:
„Trutz, blanke Hans!"—

Nun sind wir wieder vereint, wir zwei,
das Mutterland und Sylt;
Nun heben wir wieder Freud und Leid
gemeinsam auf den Schild;
Was Hoffnung an deutschem Mut noch barg,
Das strömt heut durch unser Blut:
Mein Deutschland, sei einig nur und stark,
Dann bist du ein „Damm" in der Flut!
Dann bringst du zu Ehren den Friesenspruch,
dies Wort aus Rungholts Geist,
Das wie ein Leitstern für deutsche Kraft
in deutsche Zukunft weist:
„Trutz, blanke Hans!"—

Sylter Archiv, Westerland

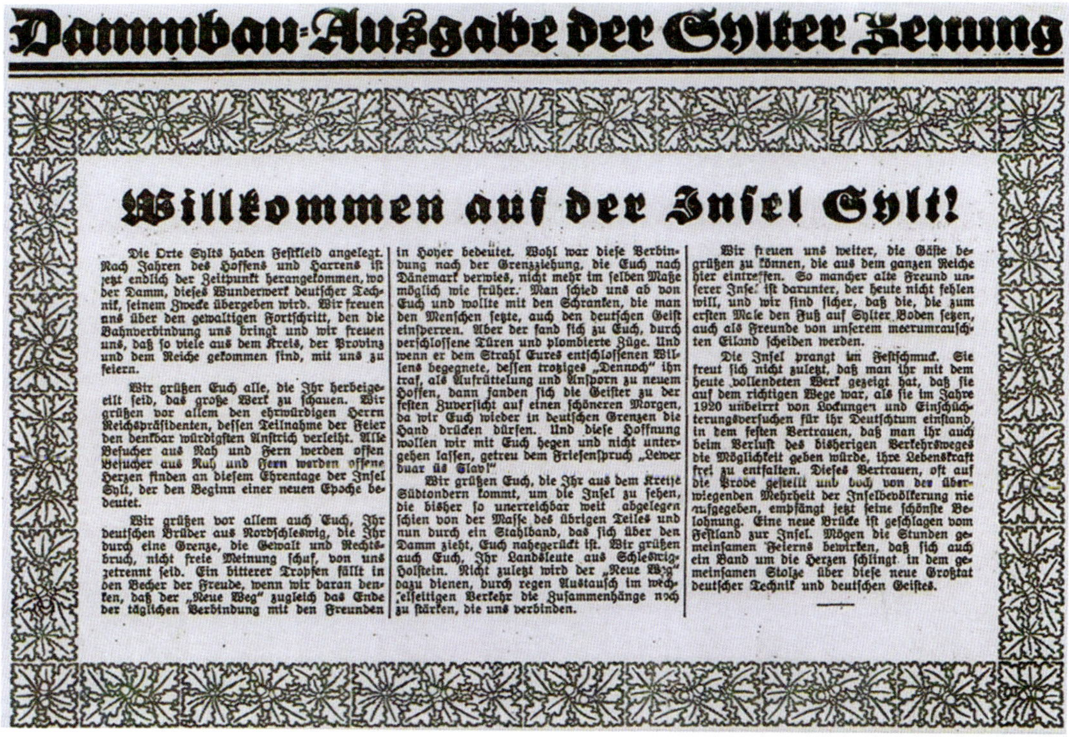

Dammbau-Ausgabe der Sylter Zeitung

Willkommen auf der Insel Sylt!

Die Orte Sylts haben Festkleid angelegt. Nach Jahren des Hoffens und Harrens ist jetzt endlich der Zeitpunkt herangekommen, wo der Damm, dieses Wunderwerk deutscher Technik, seinem Zwecke übergeben wird. Wir freuen uns über den gewaltigen Fortschritt, den die Bahnverbindung uns bringt und wir freuen uns, daß so viele aus dem Kreis, der Provinz und dem Reiche gekommen sind, mit uns zu feiern.

Wir grüßen Euch alle, die Ihr herbeigeeilt seid, das große Werk zu schauen. Wir grüßen vor allem den ehrwürdigen Herrn Reichspräsidenten, dessen Teilnahme der Feier den denkbar würdigsten Anstrich verleiht. Alle Besucher aus Nah und Fern werden offen Besucher aus Nah und Fern werden offene Herzen finden an diesem Ehrentage der Insel Sylt, der den Beginn einer neuen Epoche bedeutet.

Wir grüßen vor allem auch Euch, Ihr deutschen Brüder aus Nordschleswig, die Ihr durch eine Grenze, die Gewalt und Rechtsbruch, nicht freie Meinung schuf, von uns getrennt seid. Ein bitterer Tropfen fällt in den Becher der Freude, wenn wir daran denken, daß der „Neue Weg" zugleich das Ende der täglichen Verbindung mit den Freunden in Hoyer bedeutet. Wohl war diese Verbindung nach der Grenzziehung, die Euch nach Dänemark verwies, nicht mehr im selben Maße möglich wie früher. Man schied uns ab von Euch und wollte mit den Schranken, die man den Menschen setzte, auch den deutschen Geist einsperren. Aber der fand sich zu Euch, durch verschlossene Türen und plombierte Züge. Und wenn er dem Strahl Eures entschlossenen Willens begegnete, dessen trotziges „Dennoch" ihn traf, als Aufrüttelung und Ansporn zu neuem Hoffen, dann fanden sich die Geister zu der festen Zuversicht auf einen schöneren Morgen, da wir Euch wieder in deutschen Grenzen die Hand drücken dürfen. Und diese Hoffnung wollen wir mit Euch hegen und nicht untergehen lassen, getreu dem Friesenspruch „Lewer duar üs Slav!"

Wir grüßen Euch, die Ihr aus dem Kreise Südtondern kommt, um die Insel zu sehen, die bisher so unerreichbar weit abgelegen schien von der Masse des übrigen Teiles und nun durch ein Stahlband, das sich über den Damm zieht, Euch nahegerückt ist. Wir grüßen auch Euch, Ihr Landsleute aus Schleswig-Holstein. Nicht zuletzt wird der „Neue Weg" dazu dienen, durch regen Austausch im wechselseitigen Verkehr die Zusammenhänge noch zu stärken, die uns verbinden.

Wir freuen uns weiter, die Gäste begrüßen zu können, die aus dem ganzen Reiche hier eintreffen. So mancher alte Freund unserer Insel ist darunter, der heute nicht fehlen will, und wir sind sicher, daß die, die zum ersten Male den Fuß auf Sylter Boden setzen, auch als Freunde von unserem meerumrauschten Eiland scheiden werden.

Die Insel prangt im Festschmuck. Sie freut sich nicht zuletzt, daß man ihr mit dem heute vollendeten Werk gezeigt hat, daß sie auf dem richtigen Wege war, als sie im Jahre 1920 unbeirrt von Lockungen und Einschüchterungsversuchen für ihr Deutschtum einstand, in dem festen Vertrauen, daß man ihr auch beim Verlust des bisherigen Verkehrsweges die Möglichkeit geben würde, ihre Lebenskraft frei zu entfalten. Dieses Vertrauen, oft auf die Probe gestellt und doch von der überwiegenden Mehrheit der Inselbevölkerung nie aufgegeben, empfängt jetzt seine schönste Belohnung. Eine neue Brücke ist geschlagen vom Festland zur Insel. Mögen die Stunden gemeinsamen Feierns bewirken, daß sich auch ein Band um die Herzen schlingt in dem gemeinsamen Stolze über diese neue Großtat deutscher Technik und deutschen Geistes.

Sylter Archiv, Westerland

„Am 1. Juni wird nun die vollspurige Bahnlinie von Klanxbüll bis nach Westerland/Sylt eröffnet und damit der zur Verbindung der Insel mit dem Festland erbaute 11 km lange Damm durchs Wattenmeer, ein Kulturwerk ersten Ranges, seiner Bestimmung übergeben werden."

Direktor der Reichsbahn H. Kümmel, Altona

Westerländer Festtage.

Das Programm der Westerländer Festtage ist recht vielgestaltig und bietet den zahlreichen Besuchern unseres Bades und der Insel sehr viel Abwechslung. Insoweit das Programm den Ablauf der Festlichkeiten anläßlich der Eröffnung der Reichsbahnstrecke und der Inbetriebnahme des Dammes zum Gegenstand hat, ist es in seinen Hauptzügen von der Reichsbahn bestimmt. Mit dem Einlaufen des Eröffnungszuges mit dem Herrn Reichspräsidenten und den zahlreichen Festgästen nimmt es seinen Anfang. Der Herr Reichspräsident wird vor dem Bahnhof durch die städtischen Kollegien empfangen und von Herrn Bürgermeister Kapp begrüßt. Danach schreitet der Herr Reichspräsident die Front der spalierbildenden Vereine ab, bei welcher Gelegenheit ihm die sechs ältesten Sylter Kriegsveteranen vorgestellt werden. Nach diesem offiziellen Akte fährt der Herr Reichspräsident in einem Opel-Luxus-Auto durch die Stadt. Die Automobilfabrik in Rüsselsheim am Main hat aus diesem Anlaß eigens zwei Luxuswagen von Rüsselsheim heraufgeschickt, und zwar einen offenen 6-Sitzer für schönes Wetter und einen geschlossenen Wagen für ungünstige Witterung. Herr Fritz von Opel, der anfänglich den Wagen des Herrn Reichspräsidenten selber fahren wollte, mußte leider eine unvermeidliche Auslandsreise unternehmen, so daß an seiner Stelle Herr Heinrich Ernst aus Rüsselsheim die Ehre haben wird, den Wagen des Herrn Reichspräsidenten zu fahren, ebenfalls ein bekannter Herrenfahrer. Den zweiten Wagen fährt Herr Rottmann, der sich als Berufsfahrer schon bekannt gemacht hat. Der Herr Reichspräsident fährt vom Bahnhof über Kirchenweg, Wilhelmstraße, Friedrichstraße zum Strand. Es wird von der Witterung abhängen, ob der Herr Reichspräsident bei Miramar aussteigen und längs der Front der Strandhallen die Strandpromenade durchschreitet, um dann an der Strandstraße wiederum seinen Wagen zu besteigen, oder aber durch die Dünenstraße am Weg neben der Lesehalle entlang über die Strandpromenade bis zu Miramar und von dort zurück den gleichen Weg gefahren wird. Aus der Dünenstraße biegt der Wagen in die Strandstraße ein und fährt zum Kurhause. Vor der Terrassenfront des Kurhauses steigt der Herr Reichspräsident aus. Um dem Herrn Reichspräsidenten das Besteigen der Treppen zu erleichtern, sind diese inmitten der Terrassenfront mit kleinen Geländern versehen worden. Im Kurhause ist das Musikzimmer als Empfangsraum eingerichtet worden. Die künstlerische Ausstattung der Räume ist durch Malermeister Rohlffs und Tapezierermeister Christiansen bewerkstelligt worden. Der Herr Reichspräsident wird voraussichtlich im Musikzimmer verschiedene Herren und Deputationen empfangen, ehe das offizielle Frühstück beginnt, welches von der Reichsbahndirektion gegeben wird. Zu diesem Frühstück sind etwa 250 Einladungen ergangen. An ihm nehmen teil die Vertreter der Reichs- und Staatsbehörden, darunter zahlreiche Minister, Staatssekretäre und Ministerialdirektoren. Die Reichsbahn ist vertreten zunächst durch den Herrn Generaldirektor Dr. Dorpmüller und zahlreiche andere hohe Beamte der Hauptverwaltung und der einzelnen Direktionen. Die Provinz Schleswig-Holstein und die freien Städte Hamburg, Lübeck und Bremen haben zahlreiche hohe Beamte entsendet. Handel, Industrie, Wirtschaft und Wissenschaft sind durch ihre hervorragendsten Männer vertreten, um die Bedeutung des gewaltigen kulturtechnischen und wirtschaftlichen Werkes, welches der Dammbau ist, durch ihre Anwesenheit zu betonen. Die Frühstückstafel wird aufgehoben, wenn der große Festzug sich naht, der um 2.15 Uhr, nachm., von der Dr. Roßstraße aus sich in Bewegung setzt und seinen Weg durch die Maybachstraße um den Kurhausplatz an der Kurhausstraße vorbei nimmt. Erst erscheinen die Ehrengäste auf der Kurhausterrasse, danach der Herr Reichspräsident, um in dem für ihn bereitgestellten Sessel Platz zu nehmen. 3.15 Uhr, nachm., reist der Herr Reichspräsident wieder ab. Nachmittags findet ein Kurkonzert auf der Strandpromenade, bei ungünstigem Wetter in der Kurhaus-Strandhalle statt. Gelegentlich des Abend von der Stadt Westerland den eingeladenen Gästen gegebenen Abendessens wird die Kurkapelle die Musik stellen, indessen auf der Strandpromenade die private Militärmusik-Vorschule des Herrn Stadtkapellmeisters Kruse aus Rendsburg unter dessen Leitung spielt. Nach Beendigung dieses Konzertes spielt die Kapelle im Restaurant „Astoria" und im „Schützenhaus" zum Tanz auf.

Der 2. Juni wird einen volksfestmäßigen Charakter dadurch erhalten, daß einmal am Südstrande der große Burgenwettbewerb für die Schüler der beiden hiesigen Schulen ausgetragen wird, der abends 6 Uhr mit der Preisverteilung vor dem Musikpavillon sein Ende erreicht. Etwa 100 Preise winken den Siegern als Lohn. Das große Publikum versammelt sich am Vormittage zu einem Festgottesdienst 9,30 Uhr in den Dünen. Mittags und nachmittags finden auf der Strandpromenade Kurkonzerte statt, bei ungünstigem Wetter in der Kurhausstrandhalle. Abends erfolgt dann im Freilicht-Theater in den Dünen die Uraufführung von Lehmanns Freilichtspiel „Goede Micheel", bei dem die Kurmusik mitwirkt.

Der 3. Juni hat einen allgemeinen volkstümlichen Charakter schon durch die Auswahl der Programme der Kurkapelle, die mittags, nachmittags und abends auf der Strandpromenade konzertriert. Für die Westerländer Einwohnerschaft gibt die Stadtverwaltung einen allgemeinen Bierabend im Kurhause, dessen künstlerisches Programm bestritten wird durch den Westerländer Musikverein, belebt von mancherlei Vorträgen. Mit diesem Bierabend findet die Reihe der offiziellen Feierlichkeiten ihr Ende, doch das unmittelbar sich anschließende Pfingstfest wird dafür sorgen, daß die gehobene Stimmung der Sylter und ihrer Gäste nicht so rasch verfliegt. Während der Pfingstfeiertage konzertiert die Kurkapelle.

Dammbauausgabe Sylter Zeitung vom 1.6.1927. Sylter Archiv, Westerland

Hier wird, vermutlich in Hamburg, die Lok für die Einweihungsfahrt geschmückt.
Sammlung Lauritzen, Hamburg

Boy S. Thiessen
2281 Morsum/Sylt
Tel. 04654/212

[redacted]

Festschrift der Gemeinde Keitum

zur Dammbaueinweihung am 1. Juni 1927

Gemeindefeier im Landschaftlichen Hause

— abends 8½ Uhr —

1. Marsch . . . . Feuerwehrkapelle
2. Begrüßung . . . . . . Gem.-Vorst. Weirup
3. Gemeinsames Lied: Ues Söl'ring Lön . . .
4. Lebendes Bild: Heimatliche Kirche . . . . . .
5. Sylt und Schleswig-Holstein . . . Schurbohm
6. Gemeinsames Lied: Schleswig-Holstein . . . .
7. Lebendes Bild: Uwe Jens Lornsen . . . . .
8. Sylt und Deutschland . . . . . P. Reinhardt
9. Gemeinsames Lied: Deutschland, Deutschland . . . .

— Pause —

10. Marsch . . . . Feuerwehrkapelle
11. Humoristischer Vortrag . . . .
12. Gesangs-Vorträge der Keitumer Liedertafel . .
13. Volkstanz . . . .
14. Lieder zur Laute . . . .
15. Potpourri . . . . Feuerwehrkapelle

Rüm Hart klaar Kimming

Zur Dammeinweihung, am 1. Juni 1927 hatte Keitum eine Festzeitschrift aufgelegt. Auf der Titelseite ein Programm zur Gemeindefeier im Landschaftlichen Hause. Die Innenseiten berichteten über besondere Begebenheiten aus vergangenen Zeiten.

Der erste Zug vom Festland hat nach seinem Empfang in Klanxbüll den Wattenmeerdamm erreicht und stoppt dann zum Empfang am neuen Bahnhof in Morsum.
Kreisarchiv Nordfriesland 1. Juni 1927
Fotohaus Pförtner, Westerland

Deckblatt einer Werbebroschüre über die Besonderheiten der Insel.
Sylter Archiv, Westerland

Der Empfang in Klanxbüll

„1. Juni 1927, 10.10 Uhr, der Festzug der Reichsbahn-Verwaltung, der von Husum kommend den Reichspräsidenten von Hindenburg, mehrere Reichs- und preußische Minister sowie eine große Anzahl von Gästen von nah und fern mit sich führte. Auf der ganzen Fahrt war der Reichspräsident der Mittelpunkt begeisterter Kundgebungen von Jung und Alt aus Schleswig-Holstein. In Klanxbüll, der letzten Station auf dem Festland, erstattete der Generaldirektor der Deutschen Reichsbahngesellschaft Dr. Dorpmüller dem Reichspräsidenten die Meldung, daß die neue Reichsbahnstrecke Klanxbüll-Westerland zur Übergabe bereit sei. Der Reichspräsident erwiderte darauf mit folgenden Worten: ‚Mit dem Dank des Reiches an alle, die mit Kopf und Hand an der Schaffung dieses großen Seedammes gearbeitet haben, und mit dem Wunsch, daß der neue Weg nach Sylt ein festes und ewiges Band zwischen der Insel und dem Festland sein möge, erkläre ich die Eisenbahnstrecke nach Sylt für eröffnet.‘ Umbraust von dem Jubel der Bevölkerung begleitet von mehreren Flugzeugen, trat der Festzug seine Fahrt über den Damm an."

Zeitung des Vereins Deutscher Eisenbahnverwaltungen, Jahrgang 1927, Nr. 23.

Klanxbüll begrüßt Hindenburg

Sammlung H. J. Stöver, Westerland

Nächste Station des offiziellen Festzuges ist Morsum. Die Dorfbewohner begrüßen den Reichspräsidenten Hindenburg.

Fotohaus Wassermann, Westerland

Fotograf Ferdinand Pförtner verfolgte den Eröffnungszug aus dem Flugzeug, hier am Bahnhof Morsum.

Fotohaus Pförtner, Westerland

Der Reichspräsident Hindenburg nimmt einen Blumenstrauß von Karin entgegen. Er wird 1927 ihr verspäteter Taufpate.

Sammlung Lauritzen, Hamburg

Der Reichspräsident wird am Westerländer Kurhaus durch Herrn Bürgermeister Kapp und div. Ehrengästen empfangen. Foto: Heroldt, Westerland

Hindenburg nimmt die Parade der Kriegsveteranen von 1870/1871 sowie dem Ersten Weltkrieg ab. Foto: H.J. Stöver, Wenningstedt

Trachtengruppen begrüßen den Reichspräsidenten. Foto: H.J. Stöver, Wenningstedt

Auf dem Bahnhofsvorplatz, im Opel Luxus Kabriolett, begann die Stadtrundfahrt. Der Reichspräsident von Hindenburg und Bürgermeister Kapp. Fotohaus Pförtner, Westerland

Hindenburg und Bürgermeister fahren auf der Friedrichstraße Richtung Strand.

Foto: H. J. Stöver, Wenningstedt

Die Bauherren der Strecke Klanxbüll-Westerland. Vor dem Westerländer Bahnhof präsentieren sich von links: Reichsbahn-Oberrat Hampke, Reichsbahn-Oberrat Schondorff, Oberregierungs- und Baurat Dinkgreve (Regierung Schleswig), Direktor bei der Reichsbahn Kümmel, Reichsbahn-Direktionspräsident Dr. Schneider, Regierungsbaumeister Weinoldt (Neubauamt Dammbau Sylt), Regierungsbaurat Dr. Ing. Hans Pfeiffer (Wasserneubauamt Husum „Meister des Dammbaus") Reichsbahn-Rat Haeseler, Reichsbahn-Rat Lay und Regierungsbaumeister Mügge (Neubauamt Dammbau Sylt) Fotohaus Pförtner, Westerland

Regierungs-Baumeister Griebel, Ingenieur Fix, Regierungs-Baurat Sieben, Dipl. Ing. Gembatzki Sylter Archiv, Westerland

Anlässlich der Dammeinweihung am 1. Juni 1927 berichtet die Sylter Zeitung über das **Programm der Festtage:**

„Mittwoch, den 1. Juni
Aus dem Programm der Festtage
Nachmittags 2.25 Uhr
Großer historischer Festumzug zur Dammeinweihung am 1. Juni 1927.
Veranstaltet von der Stadt Westerland und sämtlichen Landgemeinden der Insel Sylt, unter der Leitung des ehemaligen Wiener Hofburgschauspielers Fritz Lehmann, Westerland. Die Gruppen setzten sich aus vielen Teilnehmern zusammen, passend kostümiert zu dem jeweiligen Thema. Es waren 36 Gruppen mit insgesamt mehreren hundert Aktiven.

Nachmittags 4 Uhr
Festkonzert der Kurkapelle auf der Strandpromenade oder im Kurhaus Strandhalle.

„Der Festumzug zog durch die Stadt, bei dem Volksbräuche und Sagen der Insel dargestellt wurden. Das Foto zeigt den Festwagen der DGzRS, die Seenotretter." Aus: Hans Bock, „Die Marschbahn", Verlag Boyens, Heide. – Die Westerländer Rettungsstation der Seenotretter wurde 1891 als „Freiwilligen Rettungscorps" gegründet. – Der Umzug passiert die nur für die Eröffnung gebaute „Ehrenpforte". Foto: Sylter Archiv, Westerland

Festwagen der Dammbauer.
Sammlung Lauritzen, Hamburg

Abends 8 Uhr
Festkonzert der Rendsburger Stadtkapelle unter Leitung des Stadtkapellmeisters Kruse. Auf der Strandpromenade oder in der Kurhaus-Strandhalle.

Ab 10 Uhr am Abend
Fest-Bälle in den Balllokalen ‚Astoria' und ‚Schützenhaus'
Tanzorchester: Rendsburger Stadtkapelle.

Donnerstag, den 2. Juni
Am Strande: Großer Schüler Burgenwettbewerb für die Schüler der hiesigen städtischen Schulen. Beginn der Bewertung durch die Preisrichter nachmittags 2 Uhr.

Verteilung der Preise nachmittags 6 Uhr am Musikpavillon der Strandpromenade.

Konzerte der Kurkapelle mittags von 11.30 Uhr bis 12.30 Uhr, nachmittags von 4 bis 6 Uhr auf der Strandpromenade oder Kurhaus-Strandhalle

Abends 9.30 Uhr
Festspiel auf der Freilichtbühne in den Dünen: Uraufführung ‚Goede Michel'. Spiel in der Nacht von Fritz Lehmann. Aufgeführt von den Mitgliedern der Sylter Winterspiele.

Freitag, den 3. Juni
Festkonzerte der Kurkapelle, mittags von 11.30 Uhr bis 12.30 Uhr

Abends 8 Uhr
Bierabend im Kurhaus, gegeben von der Stadt Westerland für die Westerländer Einwohnerschaft. Folgende Tage und Pfingstfest: Kurkonzerte der Kurkapelle."

Dammbauausgabe Sylter Zeitung vom 1.6.1927, Sylter Archiv

Die Bauleitung. Fotohaus Pförtner, Westerland

Zur Erinnerung an die Leistung der Planer und Arbeiter des Hindenburgdammes. Eingeweiht 1. Juni 1927.

Gedenktafel am Morsum Kliff. Aufgestellt 20. März 2003 – Naturschutzgemeinschaft Sylt – Morsumer Kulturfreunde

Foto: J. David

Wir können die Geschichte des Dammbaues durch das Wattenmeer nicht verlassen, ohne über den Morsumer Boy Thiessen, seine Familie und von der Munkmarscher Weft seines Großvaters, Hans Christian Thomsen zu berichten.

Mit der Fotosammlung von Boy Thiessen war es vielleicht möglich, den vor 100 Jahren begonnenen Dammbau zu erleben.

Auch die Munkmarscher Werft seines Großvaters Hans Christian Thomsen war ein Bindeglied zwischen Insel und Festland. Hier wurden Boote, Segler und auch Dampfschiffe repariert, mit denen die Verbindung Munkmarsch-Hoyer vor dem Dammbau aufrechterhalten wurde.

Boy Simon Thiessen 1921–2009

Foto: Frank Deppe

Dammbauausgabe Sylter Zeitung vom 1. Juni 1927

Sylter Archiv, Westerland

Der Sylter Damm.

Von Henning Hölk.

Es brausen die Wogen im Wattenmeer
Und branden in weißem Gischt;
Hart jagt der Nordweststurm sie vor sich her
Vom Königshafen vor List:
Will jede im Rennen die erste sein,
Zu schauen das Wunder im Watt;
Dort senkt man in tiefem Schlick Stein auf Stein
Mit Eifer bei Tag und bei Nacht.

Bald streckt sich von Küste zu Küste mit Macht
Ein Wall, eine Brücke, ein Damm.
Doch mancher Friese hat zweifelnd gedacht:
„Schaut sich ja wie Zwergenspiel an,
Hat mancher den Weg durch das Watt bezahlt
Mit Leib und mit Leben zugleich —
Nun will man trotzen der Fluten Gewalt
Mit Felsen und Schienengeleis — ?"

Beharrlichem Fleiße und kühnem Mut
Gelang es zu fördern das Werk —.
Nun aber, Baumeister, seid auf der Hut,
Es nahet mit Sturmflut der Herbst!
Hei, brausten die Wogen im Wattenmeer,
Wie kochte und zischte der Gischt,
Wie jagt der Nordweststurm sie vor sich her,
Die türmenden Fluten von List.

Es geistern Mondlichter über die Flut,
Am Himmel zerrißnes Gewölk;
Nun stürzt sich mit donnernder, grimmer Wut
Die See gegen Damm und Gebälk:
„Es will uns ein winziges Menschengeschlecht
Versperrn hier unsern Weg,
Den wir gezogen mit ewigem Recht
Jahrtausende, unentwegt!"

„Hinweg hier, Gerümpel, hier walten wir frei!"
So schäumen die Fluten vor Zorn,
„Kommt stürmend und peitschend alle herbei,
Ihr Reiter aus Nordmeeres Born;
Zerbrecht und zerspült dieses Spielzeug im Nu
Und duldet nicht Widerstand.
Das Meer ist unser! Baut man es uns zu,
Wir tilgen Dämme und Land!" — — —

Wohl rissen die Fluten in Nacht und Graus
Hinweg manch festes Gefüg',
Doch wie sie auch tobten mit Sturmgebraus —
Verloren ging ihnen der Sieg —.
Den Sieg nun der sinnende Mensch gewann.
Gelungen ist heute das Werk:
Die Insel verbindet ein stolzer Damm
Mit dem Festland — der wogenden Welt. —

Nun donnert auf eisernem Schienenstrang
Der Bäderzug über das Meer;
Fern grollen die Wogen noch ihren Sang,
Berennen den Damm nicht mehr — — —.
Nun bist du, stolzestes Eiland, mein Sylt,
Verknüpft mit der Welt voller Plag';
Bewahre dein Friesentum, daß sich erfüllt
Dein Wahrspruch: „Lever duar üs Slav!"

3. Boy Thiessen

Er gehörte zweifelsohne zu den besten Kennern seines Heimatdorfs: Der vor acht Jahren verstorbene Boy Thiessen, der im Laufe seines 88 Jahre währenden Lebens viele interessante Exponate zusammentrug. Sein besonderer Stolz galt dabei einem Album mit vergilbten Fotografien und Ansichtskarten: 150 Bilder dokumentieren den Bau des Hindenburgdamms von den Anfängen bis zu seiner Vollendung. Hautnah hatte Thiessen miterlebt, wie der Damm den östlichen Inselort prägte.

Eine markante Veränderung erlebte Morsum bereits, als die ersten Pfähle der Spundwand ins Watt gerammt wurden: „Die mit dem Dammbau beschäftigten Arbeiter überschwemmten unser Dorf. Fast in jedem Haus wurde eine Kammer freigemacht. Einlogieren nannten wir das damals. Auch meine Eltern boten zwei Männern Quartier – einem Arbeiter und einem Lokführer." Und so, erinnerte sich Thiessen, brachte der Dammbau für das ganze Dorf einen unerwarteten Geldsegen, „denn Geld, das konnte man zu jener Zeit besonders gut gebrauchen."

Nur schemenhaft entsann sich Boy Thiessen an den 1. Juni 1927, dem

Das Haus der Familie Thiessen am Terpstich 1920

Datum der offiziellen Eröffnung des Hindenburgdamms. „Ich war damals beim Empfang am Morsumer Bahnhof dabei. Was genau geschah, weiß ich allerdings nicht mehr. Mir ist aber noch gut erinnerlich, dass viele Morsumer skeptisch waren: Greift nicht in die Natur ein, mahnten sie vergeblich." Dennoch gewöhnten sich die Menschen schnell an den Schienenstrang und die schnaufenden Dampfloks. „Als ich das erste Mal mit dem Zug von Morsum nach Keitum zu meinen Großeltern fahren durfte, war das schon ein Erlebnis", berichtete Boy Thiessen, der sich sogar einen Fahrpreis eingeprägt hatte: 80 Pfennig kostete die Fahrt von Morsum nach Westerland und zurück. Dennoch blieb es für die Morsumer mit Blick auf die Geldbörse meistens bei dem bewährten Verkehrsmittel: Den eigenen zwei Füßen.

Es dauerte lange, bis die Züge auch Sommerfrischler ins entlegene Morsum brachten: „Das keimte erst nach Ende des Zweiten Weltkriegs langsam auf. In den ersten Jahren wurden zum Teil noch die alten Viehställe aufgemöbelt, um den Fremden ein Quartier zu bieten." Im Laufe der Jahrzehnte sind die Bahn und das Dorf, nach Thiessens Ansicht, aber „gut zusammengewachsen."(...)

Frank Deppe, Sylter Rundschau, 19. Juni 2017.

Fast 30 Jahre war ich geschäftlich und freundschaftlich mit dem Morsumer Boy Simon Thiessen, seiner Frau Hildegard und dem alten Friesenhaus verbunden.

Seit sieben Generationen war es in der Familie. Vier Generationen waren Walfänger und drei Generationen, wie auch Boy Thiessen, sollte die Landwirtschaft ernähren. Ein Friesenhaus wie aus dem Bilderbuch. Das Schmuckstück im Inneren des Hauses war der Pesel, ein Wohnraum für besondere Anlässe. Seit 240 Jahren fast unverändert. Uralte Delfter Fliesen mit biblischen Motiven, friesisch blau verzierte Wände mit einer Alkovenwand und einen Bilegger zierten die gute Stube. Bereits die Ur-Ur-Ur-Ur-Ur-Großeltern von Boy Thiessen verbrachten dort gemütliche Winterabende, bevor es im Frühjahr für die Männer wieder zum Walfang nach Grönland ging. Der Urahn fand 1751, 10 Jahre nach dem Bau des Hauses, als Walfänger vor Grönland ein nasses Grab. Im selben Jahr holte die See auch seinen jüngsten Sohn.

Das Haus der Familie Thiessen am Terpstich

Boy Thiessen wurde hier am 7. Mai 1921, im elterlichen Friesenhaus, geboren. Der Walfänger, Urahn Peter Theide Peters, errichtete es 1741.

Hier wurde ein Zeugnis damaliger, traditioneller Baukunst erhalten. Fast 270 Jahre in der Familie Thiessen.

„Es hat Zeiten gegeben, in welchen über 100 Sylter als Kapitäne auf dänischen, deutschen und holländischen Handelsschiffen angestellt waren, z. B. 1780 und 1797 und oft doppelt so viele als Steuerleute. In der letzten Hälfte des 17. und der ersten Hälfte des 18. Jahrhunderts fuhren die Sylter fast ohne Ausnahme als Wal- oder Robbenfänger auf holländischen und hamburgischen Schiffen."

Aus: C. P. Hansen „Der Fremdenführer", 1859.

„Auf dem Gebiet der Seefahrt hat es ein Auf und Nieder gegeben, wie Ebbe und Flut.

Im Jahre 1781 stellte Sylt etwa 80 Kapitäne und 1782 150 Kapitäne, 150 Steuerleute und 200 Matrosen, also zusammen 500 Seebären.

1792 dagegen nur 71 Kapitäne, 136 Steuerleute und 171 Matrosen, im ganzen also nur 378; von 1795 bis 1806 waren es etwa nur 110 bis 120 Kapitäne, 1825 nur 20 Kapitäne, die aus Sylt hervorgegangen sind.

Die Seefahrt bestand in früheren Zeiten meistens aus Sommerreisen. Die Besatzung wurde für die ganze

Das alte Friesenhaus von 1741 steht bis heute fast unverändert. Foto: J. David

Grönlandfahrer. „Emma“ eines von zehn Grönlandschiffen der großen Hamburger Reederei Hinrich Mohrmann zierte Thiessens Diele.

Dauer der Reise angeheuert. Außer ihrem Sold waren sie auch am Fangergebnis beteiligt.

Bis über das Jahr 1750 hinaus wurden die Sylter Seeleute vorwiegend nach Holland angemustert, teilweise auch nach Kopenhagen, Hamburg und anderen Häfen. Dementsprechend hießen sie im Volksmund Hollandfahrer, Kopenhagener Gasten, Hamburger Knechte u.s.w.

Mit dem Aufblühen der Schifffahrt in dem Nord-Amerikanischen Freiheitskrieg, besonders seit 1782 und 1783 wurden die früher vereinzelten Sommerreisen nach West- und Ostindien häufiger, so dass es nicht ungewöhnlich war, wenn ein Seemann nur jedes 5., 6. oder 8. Jahr einmal nach Hause kam.

Im Jahre 1792 verdiente ein Matrose 6 Reichstaler im Monat. Dieser Verdienst setzte erst dann ein, wenn beim Aussegeln aus der Elbe die rote Tonne passiert wurde, der Verdienst endete, wenn man auf der Rückreise die rote Tonne in der Elbe wieder passierte.“ (1 Reichstaler heute ca. 40€)

Hanns Koch: „Aus alten Sylter Tagen“, 1908.

Biographie: Boy Simon Thiessen erzählte

„Als es mit dem Walfang zu Ende ging, begannen die Thiessens 1848, wie viele auf der Insel, mit der Landwirtschaft. Sie machten ihr Land urbar. Große Flächen um Morsum waren mit Heide bewachsen. Es wurde gepflügt, dann blieb es einige Jahre liegen, es kam Humus rein und wurde dann nach ca. fünf Jahren Weideland. Das Land ernährte meine Großeltern gerade so. Wenn es nicht ausreichte, ist man zum Fischfang rausgefahren, um nicht hungern zu müssen.
Ich wurde 1921 in Morsum/Sylt geboren. Einige meiner Vorfahren waren Kapitäne auf Walfangschiffen. Mit meiner Schwester verbrachte ich eine schöne Kindheit. Wir mussten natürlich in der Landwirtschaft mithelfen, sei es auf dem Feld oder im Stall. Viele große Erlebnisse hatten wir nicht, man war ja mit wenig zufrieden. Uns war wohl auch nicht bewusst, in welch schöner Natur wir aufwachsen durften. Einmal jeden Sommer wurden die Pferde ange-

spannt und meine Eltern fuhren mit uns nach Westerland. Dann war Ausspannen in der Gastwirtschaft Matz Petersen, Kjeirstraße. Wir Kinder sind dann an den Strand gelaufen, um das offene Meer zu sehen.

Wenn wir mittags aus der Schule kamen, hatte Mutter das Essen auf dem Tisch. Bei uns gab es noch genug zu essen. Es war in Morsum nicht überall so. Es gab Familien, die mit einer Kuh und zwei Schweinen eine kinderreiche Familie durchbringen mussten. Von den jetzt 20 Hektar Land meiner Eltern wurde ein Großteil im Herbst und Winter regelmäßig überflutet. Auf dem Land wuchsen Salzwiesengräser, die sehr gesund für unser Vieh waren. Diese Ländereien brauchten keinen Dünger, den brachte die Flut mit. Meine Eltern kannten die Flutgrenze. Es gab ja noch keinen Wetterbericht, aber sie waren sehr wetterkundig. Sie schauten auf den Verlauf der Wolken, die Windrichtung und wussten, wie stark die Flut auflaufen würde. Im Ernstfall wurde das Vieh dann von den niedrig gelegenen Wiesen geholt. Zwei Menschen aus Archsum wurden beim Bergen ihrer Schafe von der Flut eingekreist und ertranken. Bei Sturmflut waren Morsum und Archsum von Keitum abgeschnitten. Für uns Kinder war das nichts Besonderes. Wir kannten es ja nicht anders, konnten dann nicht aus dem Haus und freuten uns, dass wir nicht zur Schule mussten. Die alte Schule in Morsum war neben der Kirche. Es gab zu meiner Zeit zwei Klassen und zwei Lehrer. Die Jungen mussten 9 Jahre, die Mädchen 8 Jahre die Schulbank drücken. Die Schulbücher bekam ich von meiner älteren Schwester und wenn ich sie nicht mehr benötigte, gingen sie an Verwandte oder Bekannte. So wurden sie von Generation zu Generation weitergegeben bis sie auseinanderfielen.

Im Herbst und Winter war es üblich, dass man sich abends ungeladen bei den Nachbarn und Freunden einfand. Das nannten wir ‚Aufsitzen', auf Friesisch ‚Absetzen'. Das heißt, man ging abends um 20:00 Uhr los und blieb bis 22:00/23:00 Uhr. Wenn abends bei uns die Tür ging, sagte meine Mutter: ‚Na, kriegen wir wohl Aufsitzer?' Kamen dann die Nachbarn oder Verwandte rein, war die Freude groß, und es wurde alles durchgesprochen, was so im Dorf passiert war. Als das Radio kam, da wurde es leider weniger. Der Pastor und der Arzt waren die Menschen, die das größte Ansehen im Dorf genossen und vor denen alle Respekt hatten. Dr. Grohte aus Westerland hatte ein Pferd, mit dem er von List bis Hörnum Patientenbesuche machte. Dr. Vosswinkel aus Keitum war schon sehr fortschrittlich, er hatte ein Motorrad. Wenn bei uns in Morsum jemand krank war, wurde an der Poststelle Bescheid gesagt: ‚Hör mal

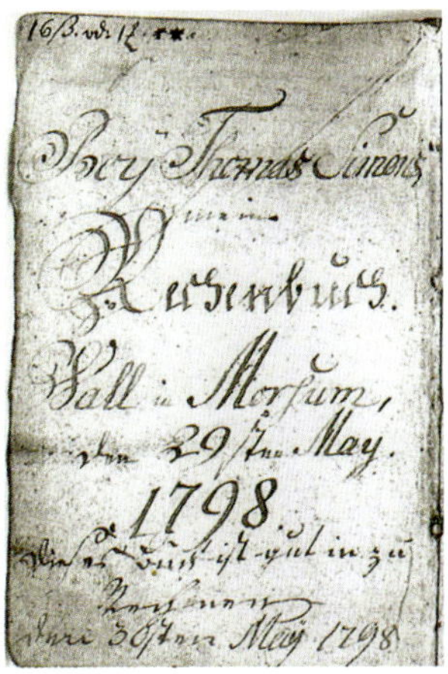

Aus dem Archiv von Lütje Hinrich Thaysen, Archsum

Das Rechnen für Anfänger; von J. Kroymann; Lehrer des Schreibens und Rechnens am Königl. Gymnasium zu Altona.

Altona, bey Johann Friederich Hammerich, 1796.

Das Rechenbuch von Kroymann, 1796 gedruckt, wurde 57 Jahre an den Schulen verwendet.

Boy Thiessen war auch musikalisch und spielte zu Festlichkeiten, z. B. im Restaurant „Nösse"

zu, leg mal einen Zettel hin, der Doktor möchte mal vorbeikommen.' Wenn der Doktor mit seinem Motorrad kam, fuhr er zuerst die Poststelle an. Dort konnte er dann anhand der hinterlassenen Zettel entnehmen, wer seinen Besuch benötigte.
Zuhause haben wir friesisch gesprochen. Hochdeutsch habe ich erst in der Schule gelernt. Als der Hindenburgdamm fertig war, kamen Kinder von Dammbauarbeitern in unsere Klasse. Da sie kein Friesisch konnten, mussten wir mit ihnen Hochdeutsch reden, das war sehr anstrengend.

Mit dem Bau des Dammes hatte sich alles verändert. Viele Arbeiter vom Festland sind auf der Insel geblieben und haben Mädchen aus Morsum geheiratet. So kam endlich mal frisches Blut in unser Dorf. Bis zu dem Zeitpunkt kannte ja jeder jeden. Es gab keine Geheimnisse und jeder wusste, was der andere im Schrank hatte.

Am 21. und 22. Februar, zum Biikebrennen und Petritag, wie vor Hunderten von Jahren, war Jung und Alt auf den Beinen. Wir hatten uns altes Zeug angezogen, denn wir wollten mit Fackeln den Haufen anzünden und um das Biikefeuer tanzen. Mit der Musik war man nicht anspruchsvoll, sie bestand aus einer Handharmonika, einem Klavier und einer Trommel. Nach meiner Konfirmation habe ich auch gelernt, auf der Handharmonika zu spielen. Es fanden sich dann immer musikalisch Gleichgesinnte, mit denen wir des Öfteren im Restaurant Nösse und auf Ringreiterfesten Stimmung machten. Später kam dann die Schallplatte. Es kam aber nicht die richtige Stimmung auf. Dann hieß es wieder: ‚Boy, hol deine Handharmonika.'

1937 habe ich neben der Landwirtschaft noch beim Marschbauamt in der Vermessung gearbeitet.
Eines Tages bemerkte ich beim Pflügen, auf meinem Acker unweit der Kirche, einen Widerstand, es muss wohl wieder ein Stein sein, dachte ich. Der Stein entpuppte sich zu einer Kanonenkugel und einer echten Rarität. Schätzungen ergaben, dass die Kugel mit einem Gewicht von 2,5 kg und einem Durchmesser von 8 cm aus dem Dreißigjährigen Krieg (1618–1648) stammte. Am 18. Mai 1628 landeten Truppen des Feldherrn Wallenstein an der Ostseite der Insel. In der Morsumer Kirche sagt die Inschrift einer Tafel, dass diese Kirche im Jahre 1627 mit Schanz und Graben umgeben und zu einer Festung eingerichtet wurde."

Boy Thiessen

1937
„Bei einem Spaziergang durch die Morsumer Heide verlor Hermann Göring einst seinen Jagddolch. Gefunden wurde er schließlich von einem jungen Sylter.

Für Göring, der aus dem 1. Weltkrieg als hochdekorierter Jagdflieger hervorging, gab es damals in der Weimarer Republik keinen passenden Job mehr. Kurzentschlossen ließ er sich in Schweden von der frisch gegründeten ‚Svenska Lufttrafik', Vorläufer der heutigen SAS [Scandinavian Airlines], einstellen. Und hier stand im Februar 1920, im Stockholmer Büro der Fluggesellschaft, der exzentrische Graf von Rosen, der just von einer Weltreise aus Südamerika heimgekehrt war, und verärgert feststellen musste, dass es kurz vor zu Hause nicht weiterging. Ihm gehörte das knapp 100 Kilometer entfernt liegende Schloss Rockelstad und keiner der Piloten war bereit, in dem heulenden Schneesturm sein Leben aufs Spiel zu setzen, um den Grafen zu seiner Familie zu bringen. Aber der deutsche Kollege Göring, der wieder einmal knapp bei Kasse war, wollte es wagen. Mit dem Tapferkeitsorden ‚Pour le Mérite' in der Tasche hat man vermutlich größeren Mut, der ihm allerdings auf der Strecke abhanden kam. Göring soll später immer wieder erzählt haben, es sei der schrecklichste Flug seines Lebens gewesen, denn er verlor nicht nur die Orientierung. Letztendlich konnte er nur mit Glück auf dem Eis der Bavensee vor dem Schloss mit seiner Maschine aufsetzen. Graf von Rosen wurde schon sehnsüchtig von seiner Frau Mary erwartet, die ihre Schwester Carin zu Besuch hatte. Hermann und Carin verliebten sich. Eine Beziehung, die übrigens traurig endete, denn Carin starb nach nur achtjähriger Ehe an Tuberkulose.

Hermann Göring und Eric von Rosen verband allerdings seit diesem Flug eine lebenslange Freundschaft, die durch vielerlei Geschenke von Seiten des Millionärs und Sammlers von historischen Kunstschätzen bekräftigt wurde. Dazu gehört ein mit Wikinger Motiven reich verzierter Jagddolch mit vergoldetem Griff und rotem Saffianleder auf der Scheide. In Sammlerkreisen derartiger Devotionalien wird erzählt, der Dolch sei

Boy Thiessens Schwester Margarethe verh. Meinertz, vor dem Elternhaus

Boy Thiessens Konfirmation 1936
Von links: Delta Schnoor, Jenny Bohn, Paula Kayser, Inge Bossen, Anna Matzen, Lilly Rieper, Anna Hoyme, Ludwig Klint, H. Glindmeier, Boy Thiessen, Hans Claasen, Karl H. Momsen, Lorenz Thiessen, Pastor Kähle

Foto: Blick auf 100 Jahre Morsum/Sylt, Emma Scholz

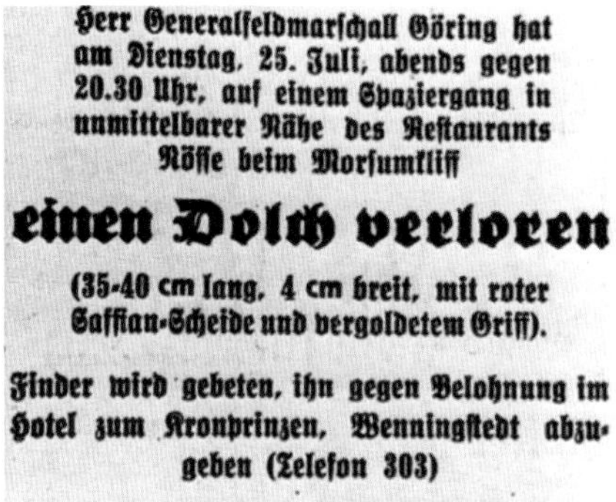
Herr Generalfeldmarschall Göring hat am Dienstag, 25. Juli, abends gegen 20.30 Uhr, auf einem Spaziergang in unmittelbarer Nähe des Restaurants Nösse beim Morsumkliff

einen Dolch verloren

(35-40 cm lang, 4 cm breit, mit roter Saffian-Scheide und vergoldetem Griff).

Finder wird gebeten, ihn gegen Belohnung im Hotel zum Kronprinzen, Wenningstedt abzugeben (Telefon 303)

Zeitungsaufruf Sylter Zeitung, Juli 1937

eine Spezialanfertigung und trage eine Widmung von Eric an Hermann."

Sylter Rundschau, 17. Januar 2018 von Silke von Bremen

„Es war im Juli 1937, einem der letzten Sommer vor dem Zweiten Weltkrieg, meine erste Begegnung mit einem der obersten Schergen Adolf Hitlers. Als ich am 26. Juli abends nachhause kam, sagte mein Vater zu mir: ‚In der Zeitung steht, Hermann Göring hat gestern Abend, bei einem Spaziergang in der Morsumer Heide, nahe dem Restaurant Nösse, seinen Jagddolch verloren. Es gibt einen Finderlohn.' Ich wollte sofort losfahren und den Dolch suchen. Mein Vater meinte, es wäre sinnlos, da schon ein paar ‚Kompanien' erfolglos gesucht hätten. Ich sofort aufs Fahrrad und raus in die Heide. Nach einer halben Stunde sah ich, tief in der Heide, den Griff des Dolches in der Abendsonne blinken. Vom Restaurant Nösse wurde bei Göring in Wenningstedt angerufen. Man versprach, sofort zu kommen. Von Keitum näherte sich bald eine riesige Staubwolke. Es waren ja nur Schotterstraßen. Im ersten Mercedes saß Göring, im zweiten sein Adjutant. Ich war sehr nervös, da ich Göring den Dolch überreichen sollte. Er wollte unbedingt die Stelle sehen, wo ich den Dolch gefunden hatte. Dann sagte er zu seinem Adjutanten: ‚Herr Milch, rücken sie mal raus mit der Belohnung'. Ich bekam 100 Mark, mehr als ein Monatslohn eines Arbeiters mit 65 Pfennige Stundenlohn. Das Ganze war zu der Zeit ein großes Ereignis für mich."

Auszüge aus Sven Simon „Sylt. Abenteuer einer Insel". Hoffmann u. Campe Verlag

Göring auf dem Weg in die Morsumer Heide

Foto: „Sylt, Abenteuer einer Insel", Sven Simon

„Warum Göring diesen Dolch bei einem Spaziergang in der Morsumer Heide dabei hatte wird wohl für immer ein Rätsel bleiben. Und warum er ihn trug, als er am 8. Mai 1945 gefangengenommen wurde. Aber dass er ihn auf seinem Weg in die Gefangenschaft überhaupt dabei haben konnte, ist dem Morsumer Boy Thiessen zu verdanken. (...) Görings Jagddolch befindet sich heute in den USA, im nördlich der Stadt New York gelegenen West Point Military Museum. Dort liegt er in einer Vitrine in trauter Nachbarschaft mit Görings Reichmarschallstab, seinem Trommelrevolver und Gästebuch sowie der goldenen Liliput-Pistole von Adolf Hitler."

Sylter Rundschau vom 17. Januar 2018 von Silke von Bremen

„1941 kam ich zur Wehrmacht. Als Landwirt wurde ich nicht gleich zu Beginn des Krieges eingezogen. Vier Kriegsjahre, plus drei Jahre in Französischer Kriegsgefangenschaft, hatte ich Göring und seinen Schergen zu verdanken. Der Krieg führte mich von der Ostfront zurück nach Belgien und Frankreich. Nach Kriegsgefangenschaft in Frankreich (Normandie), war ich 1948, fast verhungert, wieder nach Sylt zurückgekehrt. Im selben Jahr starb mein Vater, Bernhard Thiessen, im 61sten Lebensjahr. Ich übernahm den elterlichen Hof, betrieb, wie Generationen vor mir, Ackerbau und Viehzucht, bis mich gesundheitliche Probleme, schweren Herzens, 1976 zur Aufgabe zwangen. Das Land habe ich verpachtet, die Stallungen vermietet, also der letzte Thiessen-Landwirt.

Wie das Leben so spielt, war 1966 in der Morsumer Heide ein Privat-Golfplatz eröffnet worden. Gründer war der Hamburger Verleger Axel Springer."

„Es gelang dem Interessentenkreis, eine Reihe Morsumer Bauern zum Abschluss eines langjährigen Pachtvertrages zu bewegen. Am 19. September 1964 unterbreiten die Morsumer Landwirte Waldemar Jörgensen, Jens Peter Petersen, Uwe Boysen, Hans Thiessen und Ludwig Nielsen dem Verleger Axel Springer und der Vereins- und Westbank in Hamburg ein Pachtangebot."

„Dr. Bernhard von Limburger wird daraufhin gebeten, sich das Gelände in Morsum genauer anzuschauen und einen Entwurf für einen 9-Loch-Platz anzufertigen. Hinsichtlich der Errichtung eines Clubhauses bemühen sich die Interessenten gesondert.

1982 wird im GC Morsum erstmals eine Golfmeisterschaft ausgetragen. Bis Ende 1983 hat sich die Zahl der Mitglieder auf 135 Erwachsene und 30 Jugendliche erhöht.

1989 ist die Zahl von 150 aktiven Mitgliedern erreicht. Eine außerordentliche Mitgliederversammlung beschließt den Ankauf des Clubhauses nebst 4,2 Hektar Teilflächen des Golfplatzes. Clubsekretär Boy Thiessen wird mit einem besonderen Dank verabschiedet."

„Bei den Recherchen für das Buch ‚Sylt – Abenteuer einer Insel' bekam ich Kontakt zum Sohn des Verlegers, dem Fotografen Sven Simon. Ich konnte ihn doch sehr unterstützen. Wir machten uns dann ans Werk, alte Sylter Zeitzeugen und Dammarbeiter zu bitten, uns Fotos vom Dammbau zu überlassen. Es entstand eine Fotodokumentation von ca. 150 Fotos, von den ersten Pfählen der Spundwand bis zur Eröffnung durch den Reichspräsidenten Hindenburg 1927. Zwischen uns entstand ein herzliches Verhältnis. Er sprach mir Trost zu, als ich meine Landwirtschaft, aus gesundheitlichen Gründen, aufgeben musste, und bot mir und meiner Frau an, bei ihm die Hausverwaltung zu übernehmen. 1980 nahm sich Sven Simon (Axel Springer jr.) das Leben. Ich sprach noch mit ihm, kurz bevor er den letzten Autozug an diesem Tag erreichen wollte. In Hamburg ist es dann passiert. Ich konnte es nicht be-

Golfgelände!
Hamburger Golfinteressengemeinschaft
sucht auf Sylt
Dünengelände
von 50 bis 70 Hektar
zu angemessenen Bedingungen
zu kaufen oder langfristig zu pachten
Angebote unter Nummer 3315
an die Sylter Rundschau

Aus der Chronik Golfclub Morsum 1965

Boy Thiessen
1941

Walter Scheel Bundespräsident von 1974–1979. Axel Springer Golfplatz, Morsum, Sammlung Boy Thiessen

greifen. Diese Tragödie belastete den Vater natürlich schwer. Nun spendete ich ihm Trost.

Der Verleger zog sich zunehmend aus der Öffentlichkeit auf sein Anwe-

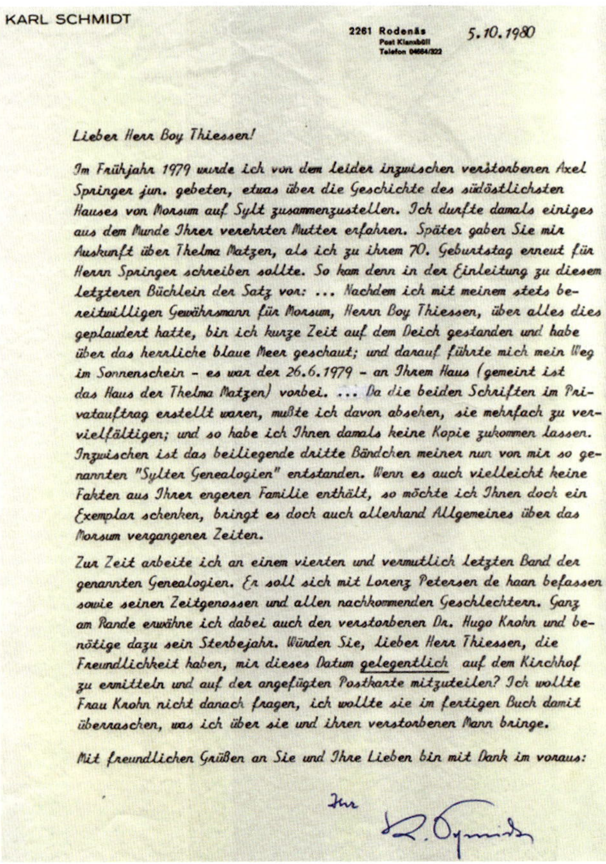
KARL SCHMIDT

2261 Rodenäs
Post Klanxbüll
Telefon 04664/322

5.10.1980

Lieber Herr Boy Thiessen!

Im Frühjahr 1979 wurde ich von dem leider inzwischen verstorbenen Axel Springer jun. gebeten, etwas über die Geschichte des südöstlichsten Hauses von Morsum auf Sylt zusammenzustellen. Ich durfte damals einiges aus dem Munde Ihrer verehrten Mutter erfahren. Später gaben Sie mir Auskunft über Thelma Matzen, als ich zu ihrem 70. Geburtstag erneut für Herrn Springer schreiben sollte. So kam denn in der Einleitung zu diesem letzteren Büchlein der Satz vor: ... Nachdem ich mit meinem stets bereitwilligen Gewährsmann für Morsum, Herrn Boy Thiessen, über alles dies geplaudert hatte, bin ich kurze Zeit auf dem Deich gestanden und habe über das herrliche blaue Meer geschaut; und darauf führte mich mein Weg im Sonnenschein – es war der 26.6.1979 – an Ihrem Haus (gemeint ist das Haus der Thelma Matzen) vorbei. ... Da die beiden Schriften im Privatauftrag erstellt waren, mußte ich davon absehen, sie mehrfach zu vervielfältigen; und so habe ich Ihnen damals keine Kopie zukommen lassen. Inzwischen ist das beiliegende dritte Bändchen meiner nun von mir so genannten "Sylter Genealogien" entstanden. Wenn es auch vielleicht keine Fakten aus Ihrer engeren Familie enthält, so möchte ich Ihnen doch ein Exemplar schenken, bringt es doch auch allerhand Allgemeines über das Morsum vergangener Zeiten.

Zur Zeit arbeite ich an einem vierten und vermutlich letzten Band der genannten Genealogien. Er soll sich mit Lorenz Petersen de haan befassen sowie seinen Zeitgenossen und allen nachkommenden Geschlechtern. Ganz am Rande erwähne ich dabei auch den verstorbenen Dr. Hugo Krohn und benötige dazu sein Sterbejahr. Würden Sie, lieber Herr Thiessen, die Freundlichkeit haben, mir dieses Datum gelegentlich auf dem Kirchhof zu ermitteln und auf der angefügten Postkarte mitzuteilen? Ich wollte Frau Krohn nicht danach fragen, ich wollte sie im fertigen Buch damit überraschen, was ich über sie und ihren verstorbenen Mann bringe.

Mit freundlichen Grüßen an Sie und Ihre Lieben bin mit Dank im voraus:

Ihr
K. Schmidt

sen auf Sylt zurück. Er war ein großer Konzernchef und doch eine Seele von Mensch. Jetzt sahen wir uns häufiger und er bot mir eine Tätigkeit auf seinem Morsumer Golfplatz an. Ich betrat nun Neuland und war dann neun Jahre, bis 1989, Clubsekretär, mit tatkräftiger Unterstützung meiner Frau Hildegard. In meinem Wohnzimmer hängt noch eine Erinnerung an Heinz Rühmann: Eine Messinguhr mit der Inschrift ‚Herzliche Grüße, Heinz Rühmann'. Ich lernte den berühmten Schauspieler auf dem Golfplatz kennen. Wir mochten uns. Er war ein eigenwilliger, aber sehr angenehmer Mensch."

Am 22.09.1985 verstarb Axel Springer im Alter von 73 Jahren. Er wurde in Berlin beigesetzt.

Heinz Rühmann verstarb mit 92 Jahren am 3.10.1994 am Starnberger See.

„Nach diesen schönen und erlebnisreichen Jahren im Golfclub Morsum widmete ich mich jetzt meiner besonderen Gabe, dem Besprechen von Gürtelrose, Warzen und anderen Erkrankungen. Selbst vom Festland kommen Patienten nach Morsum." Die Berufung gibt Boy Thiessen tiefe Befriedigung: „Man hat vielen Menschen helfen können. Und das ist wohl das Schönste, was einem das Leben geben kann."

Boy Thiessen

Karl Schmidt 9.11.1910 – 9.1.1992 in Rodenäs, Lehrer und Familienforscher.

Für eines seiner Bücher, ein Buch über „Sylter Geschlechter um und nach Lorenz Petersen de Haan" – 1981 verlegt vom Nordfriisk Instituut – erhielt er 1987 den C.-P.-Hansen-Preis.

Durch die freundschaftliche Verbindung zwischen Boy Thiessen und Axel Springer jun. (Sven Simon) entstand die Verbindung zu Karl Schmidt. Boy Thiessen war für Karl Schmidt, bei Recherchen für „Sylter Geschlechter", sicher eine ergiebige Quelle.

Recherchen des dänischen Nationalmuseums Kopenhagen, in Sachen Inselgeschichte und Dammbau brachten den Kontakt zu Svend Jespersen. Man traf sich in Morsum und konnte sich in vielen Dingen ergänzen.
In einem Schreiben (siehe S. 112) bedankt Herr Jespersen, in einem charmanten Deutsch, für die freundliche Aufnahme in Morsum. Als Dank sandte Svend Jespersen ein paar Fotos, ob es Fotos zum Dammbau waren, war nicht mehr zu ermitteln.

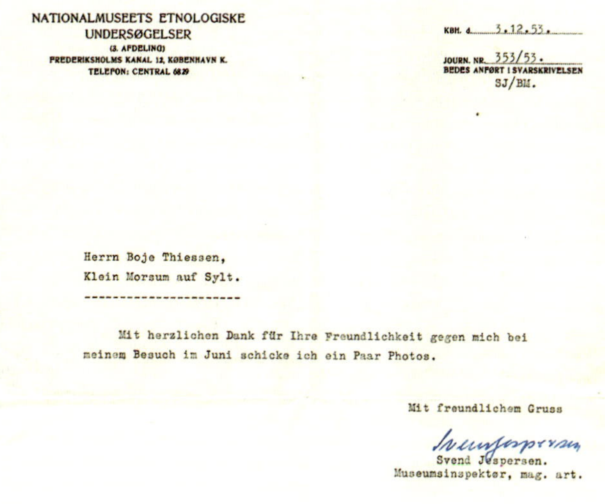
NATIONALMUSEETS ETNOLOGISKE
UNDERSØGELSER
(3. AFDELING)
FREDERIKSHOLMS KANAL 12, KØBENHAVN K.
TELEFON: CENTRAL 6829

KBH. d. 3.12.53.
JOURN. NR. 353/53.
BEDES ANFØRT I SVARSKRIVELSEN
SJ/BM.

Herrn Boje Thiessen,
Klein Morsum auf Sylt.

Mit herzlichen Dank für Ihre Freundlichkeit gegen mich bei meinem Besuch im Juni schicke ich ein Paar Photos.

Mit freundlichem Gruss

Svend Jespersen.
Museumsinspektor, mag. art.

Dankesschreiben von Svend Jespersen, Museumsinspektor des dänischen Nationalmuseums Kopenhagen

Boy Thiessens Mutter, Caroline Thiessen geb. Thomsen, feierte am 26.02.1988 ihren 103. Geburtstag. In der Sylter Zeitung erschien an diesem Tag ein Artikel über „die älteste Sylterin" mit einem Gratulationsbrief des Bundespräsidenten Richard von Weizsäcker.

Caroline Thiessen entstammte einer alteingesessenen Keitumer Friesenfamilie. Im Kreise ihrer Geschwister verlebte sie eine schöne Jugend am schönen Keitumer Kliff. Nach ihrer Eheschließung mit Bernhard Thiessen 1910 verzog sie nach Morsum auf den Thiessenhof, wo sie nach dem frühen Tode ihres Mannes einen sorgenfreien und ruhigen Lebensabend verbringen konnte, liebevoll umsorgt von ihren Kindern und ihrer Schwiegertochter.

„Morsum. Die älteste Insulanerin Caroline Thiessen hat sich natürlich nicht vorgestellt, so alt zu werden, ‚obwohl die klare Morsumer Luft schon vielen zu einem langen Leben verholfen hat', erklärt die alte Dame. Die gute alte Zeit hat sie wohl miterlebt, ‚aber alles war da auch nicht gut, vieles ist besser geworden.' Wenn sie nur an die Ausbildung junger Mädchen denkt: ‚Früher kam man mit 14 Jahren in Stellung, weg von zu Hause – heute kann ein Beruf erlernt werden und man ist vorher länger zu Hause.' Auch Caroline kam nach der Konfirmation, in der Keitumer Kirche, in Stellung – das hieß für sie, nur sonntags nachmittags ein paar Stunden Freizeit, um zu den Eltern zu gehen.

Sie erinnert sich, dass der Geburtstag des Kaisers auf der Insel ganz groß gefeiert wurde.

1910 – gerade mit ihrem Mann, dem Landwirt und Schlachter Bernhard Thiessen verheiratet – fuhr sie einmal nach Hamburg, ‚das war mein südlichstes Reiseziel; es war alles so städtisch, da habe ich schon Augen gemacht – ich war es ja nicht gewohnt.' Mit dem Flugzeug ist sie auch noch nicht geflogen, ‚dazu habe ich keine Courage'. Aber ihre Geschwister – sechs hatte sie – besuchte sie

Caroline Thiessen geb. Thomsen und Bernhard Thiessen mit ihren Kindern Margarethe und Boy Simon

Großmutter Margarethe Thiessen geb. Claasen, mit ihren Kindern. Margarethe Thiessen geb. Claasen (genannt Mehme), Ehefrau von Boy Thiessen, inmitten ihrer Kinderschar.
Vorne von links: Christine, Mehme u. Caroline. Dahinter von links: Boy, Clara, Anna und Bernhard

gern auf dem Festland, ‚im Holsteinischen.' Sie ist froh, dass sie nicht weiß, was sie noch alles erleben wird, gespannt ist sie noch immer – nur einen Krieg will sie in keinem Fall mehr erleben: ‚Hoffentlich bleibt die Friedenszeit', denn Caroline Thiessen erinnert sich genau an die einzelnen Begebenheiten aus den Weltkriegen.

Jetzt freut sie sich über jeden Tag, ‚es könnte ja mal der letzte sein'. Aber an so etwas mögen ihre Kinder Boy und Margarethe, vier Enkel und neun Urenkel aber gar nicht denken. ‚Modje' gehört dazu – und Silvester hat sie sogar bis nachts um zwei ausgehalten. ‚Zwar kann sie nicht mehr so gut sehen und hören, aber im Kopf ist alles klar', erklärt Boy Thiessen. Bei ihm und seiner Frau Hildegard wohnt Caroline, dessen Wohnhaus aus dem Jahr 1741 stammt. Ihre Tochter wohnt gleich gegenüber."

Sylter Zeitung vom 26.2.1988

Großeltern von Boy Thiessen

Margarethe Thiessen geb. Claasen mit Boy Simon Thiessen
*29.4.1846 – 20.2.1937
*1.8.1834 – 12.4.1923

Der Sohn Boy Thiessen *3.4.1875 ∞ Clara Thiessen *3.12.1876.
Die Enkelin Inken Thiessen*11.6.1905 ∞ 18.5.1928 Karl Fink *28.5.1902
Die Urenkelin Erika Fink *17.12.1928 ∞ 1.10.1949 Ludwig Nielsen

Ca. 1910: Die Eltern von Boy Thiessen

Ca. 1946: Bernhard und Caroline Thiessen geb. Thomsen

Onkel und Tanten von Boy Thiessen, Geschwister seines Vaters Bernhard Thiessen

Bruder Andreas. Der 16-jährige Leichtmatrose verunglückte im Hafen von Bremerhaven. Er starb am 23.10.1901

Schwester Caroline mit ihrem Mann Broder Jensen. Caroline Thiessen geb. 1878

Boy Thiessen, geb. 1875, mit seiner Frau Klara, geb. 3.12.1876

Zu Fuß zog Ludwig Nielsen mit seiner Braut Erika Fink zur Kirche. So war es auch bei der Hochzeit ihrer Mutter Inken Thiessen (*1905) u. Karl Fink (*1902) am 5. Mai 1928.
Emma Scholz schrieb in „100 Jahre Morsum": Es gab von verschiedenen Ortsteilen vorgeschriebene Wege zur Kirche. Für Hochzeiten benutzte man einen anderen Weg als zu einer Beerdigung.

Foto. Blick auf 100 Jahre Morsum/Sylt – Emma Scholz

Erika mit ihrem Ehemann Ludwig Nielsen in ihrem Morsumer Lebensmittelladen

Zum 60. wieder ins „Stammhotel"

Karl und Inken Fink feiern heute diamantene Hochzeit

MORSUM (aw). Es war heute vor 60 Jahren, da zog Karl Fink mit seiner Braut Inken Thiesen zu Fuß zur Kirche in Morsum. „Es war ein langer Zug und schönes Wetter", erinnern die beiden sich. Am Tag seiner diamantenen Hochzeit wird das Ehepaar Fink sicher nicht zu Fuß in den Ort kommen, doch feiern will es trotzdem. Finks haben sich im Hotel „Morsum Kliff" schon angemeldet, dort, wo sie auch schon vor 60 Jahren ihren Hochzeitstanz hatten.

Inken Fink hat ihre Entscheidung von damals nicht bereut, sie würde ihren Karl wieder nehmen. „Ja, warum nicht?" fragt die kleine zierliche Frau munter. Das diamantene Paar stammt von Sylt, lernte sich auf dem Tanzboden näher kennen. Auch diese Begegnung, so erinnern sich die beiden verschmitzt, fand im Hotel „Morsum Kliff" statt.

Nach der Heirat arbeitete der gelernte Landwirt Fink zunächst in Morsum als Müller. Mit Pferd und Wagen wurde das Getreide abgeholt und später wieder ausgefahren. Den Preis von damals weiß Karl Fink noch genau: „60 Pfennig pro Zentner." Die Motormühle ging später ein, der Müller war inzwischen mit seiner Familie ins Elternhaus seiner Frau im Gungwai gezogen und ging dort seinem ursprünglichen Beruf nach.

Obwohl Karl Fink mit seiner Frau seit 19 Jahren auf dem Altenteil lebt, kann der 86jährige doch noch nicht ganz die Finger von der Landwirtschaft lassen. „Die Kartoffeln kommen gerade auf, die Erdbeeren stehen in voller Blüte", berichtet er von seinem Gemüsegarten. Den bewirtschaftet er allein, so wie Inken Fink den Haushalt.

Bei schönem Wetter kann man die beiden ab und zu vor ihrem Haus im Strandkorb sitzen sehen. Der aktive Jäger Fink hat meist seine Pfeife dabei. Sie gehört ebenso dazu, wie das Gläschen Korn vor dem Frühstück. Die gemütliche Zweisamkeit hat heute einmal Pause, denn drei Kinder, zehn Enkel und zwei Urenkel sowie viele Freunde und Bekannte wollen ihnen gratulieren.

Inken Fink geb. Thiessen, Tochter von Boy und Klara Thiessen

Sylter Nachrichten vom 18.5.1988

Foto 1906: Von links: Mehme mit 2 Kindern von Clara und Hans Thiessen. Caroline: Kind Christine von Clara und Hans Thiessen. Anna, verh. Sörensen, Boy Simon Thiessen, Klara Thiessen mit Inken und Boy Thiessen, Clara und Hans Thiessen.

Jetzt Haus „Alma“ auf dem Foto von links, Klara Michelsen geb. Simonsen, Caroline Thiessen, geb. Thomsen, Alma Simonsen. Alma u. Klara waren Geschwister

„Schwer herein schwankt der Wagen, kornbeladen (...)“ (Aus „Lied von der Glocke“, Friedrich Schiller)

„Mit Pferd und Wagen nach Westerland"

Caroline Thiessen – die älsteste Sylter Augenzeugin

MORSUM Caroline Thiessen, die wohl die älteste Insulanerin ist, erinnert sich noch gut an das Ereignis in dem Jahr, als sie 42 Jahre alt war: „Wir freuten uns sehr, dass der Damm gebaut wurde. Schon während der Arbeiten war gerade hier in Morsum mehr Leben als sonst – Leben vom Festland her. Denn die Einwohner hatten die Dammarbeiter in Herberge genommen und bekamen dafür bezahlt", erzählt die alte Dame. Damals war Geld noch nicht so reichlich, da nahm man so ein Zubrot gern. Auch Insulaner halfen mit bei dem Bau, die wollten natürlich auch etwas verdienen, mussten sich um Aufträge bemühen.

Die Einweihung des Hindenburgdammes hat sie noch so vor Augen, als wenn sie erst ein paar Wochen her wäre: „Das war ein großes Fest – alles was hier laufen konnte, war an diesem Tag auf dem Bahnhof, um den ersten Zug vom Festland über den Damm zu begrüßen und natürlich auch Hindenburg, der mit seinem Gefolge in diesem Zug saß." Die Erinnerungen an diesen Tag entlockten Caroline ein Lächeln, das dem eines jungen Mädchens ähnelt. Verbunden mit ihrem sehr guten Gedächtnis fällt es fast schwer, zu glauben, dass sie schon mehr als ein Jahrhundert alt ist. Und so ganz neu war ihr dieses fauchende Ungeheuer auch nicht, das sich da über den Damm auf die Insel schob: Denn vor dem Dammbau war sie einmal mit dem Schiff nach Hoyer gefahren und von dort nach Hamburg weiter. „Bei dieser Reise bin ich schon mit einer Dampflokomotive gefahren, da hatte ich keine Angst vor." Diese Reise nach Hamburg, Anfang des Jahrhunderts, war übrigens die südlichste Reise von Caroline Thiessen.

„Am Tag der Einweihung hielt der Zug hier in Morsum, und Hindenburg lehnte mit seinem Gefolge am Fenster und winkte uns zu. Natürlich war auch der Bürgermeister und Pastor mit seiner Familie da. Seine kleine Tochter war bei seiner Frau auf dem Arm – Hindenburg sollte bei der Kleinen Pate sein. Deshalb ging die Mutter mit dem Mädchen auf dem Arm zum Zug und hat Hindenburg die Hand gedrückt."

Ausgestiegen sei in Morsum keiner, „aber einige aus der Gemeinde wollten natürlich etwas von diesem Tag mitbekommen, die sind dann mit Pferd und Wagen nach Westerland gefolgt. Autos gab es zu der Zeit noch nicht in Morsum. Nach der Einweihung des Hindenburgdammes hatten die Morsumer die Anbindung an das Festland sehr genossen, „denn die bis dahin nur mögliche Verbindung mit dem Schiff war sehr umständlich gewesen. Im Winter fuhren die Schiffe durch Witterung bedingt nur selten, da ging es jetzt mit der Eisenbahn doch viel besser und bequemer", erzählte Caroline Thiessen.

Aus: Sylter Nachrichten vom 26.2.1987

Großeltern von Boy Thiessen mütterlicherseits, Sophie und Hans Christian Thomsen

Vordere Reihe von links:
Sophie Thomsen (später Borstelmann), Sophie Thomsen geb. Nielsen, Brautpaar Hulda Thomsen und Max Spössig, Hans Christian Thomsen jr., Martha Thomsen (später Volquartzen).

Hintere Reihe von links:
Christine Borstelmann geb. Thomsen, Hugo Borstelmann, Jürgen Thomsen, Wilhelm Thomsen, Caroline Thiessen geb. Thomsen und Bernhard Thiessen. Foto: Sammlung Wilhelm Borstelmann, Keitum

Söhne Jürgen und Wilhelm Thomsen
Jürgen Thomsen (1889–1922) blieb zusammen mit seinem älteren Bruder Wilhelm (1888–1922) und dem Keitumer Landwirt Peter Conrad Brodersen (1875–1922) mit dem Segelkutter „Ida" vor dem Lister Ellenbogen auf See.
Foto: Sammlung Wilhelm Borstelmann, Keitum

Großeltern von Boy Thiessen mütterlicherseits. Hans Christian Thomsen, Keitum (1855–1936), mit seiner Ehefrau Sophie Severine, geb. Nielsen, Keitum (1863–1935), deren Großmutter väterlicherseits eine Cousine von Uwe Jens Lornsen war. Eheschließung 1885 in Keitum, aus der in den folgenden Jahren sieben Kinder hervorgingen. Hans Christian Thomsen führte fünf Jahrzehnte seinen Werftbetrieb in Munkmarsch. Auf den folgenden Seiten wird über die Geschichte der Werft und Christian Thomsen berichtet.

Foto: Sammlung Wilhelm Borstelmann, Keitum

Die fünf Thomsen Töchter v. l. Sophie, Martha, Hulda, Christine, Caroline

Foto: Sammlung Wilhelm Borstelmann, Keitum

Elternhaus von Boy Thiessens Mutter Caroline Thiessen geb. Thomsen, in Keitum, Alter Kirchenweg

Caroline verstarb am 15.07.1988, fünf Monate nach ihrem 103. Geburtstag.
„Ja, so ist es, irgendwann werden wir doch geholt.“
Ihr Ehemann (Bernhard Thiessen) verstarb schon am 21.04.1948, nach langem Krankenlager in Westerland.

1897: Sophie Thomsen geb. Nielsen mit ihren Kindern   Foto: Sammlung Wilhelm Borstelmann, Keitum

4. Geschichte der Familie Thomsen

Wilhelm Borstelmann war Boy Thiessens Cousin, ihre Mütter waren Schwestern, Hans Christian Thomsen war ihr Großvater und der Vater ihrer Mütter.

Hans Christian Thomsen und seine Werft in Munkmarsch auf Sylt

Von Wilhelm Borstelmann und Dr. Daniel Ihonor

Erschienen im Nordfriesischen Jahrbuch, Band 42, 2006/07

Der einhundertfünfzigste Geburtstag und siebzigste Todestag des in Keitum auf Sylt ansässigen Schiffszimmermanns Hans Christian Thomsen (1855–1936) geben Anlass für einen Rückblick auf sein Leben und Wirken. Im Vordergrund soll hierbei die Geschichte seiner Werft in Munkmarsch auf Sylt stehen. Fast ein halbes Jahrhundert betrieb Hans Christian Thomsen am Munkmarscher Hafen eine kleine Reparaturwerft, die Reparaturen an den kleinen Sylter Schiffen ebenso wie an den nach Sylt verkehrenden Dampfschiffen ausführte.

Historische Ansicht von Munkmarsch
Foto: Sylter Archiv, Westerland

Familiärer Hintergrund und Lebenslauf von Hans Christian Thomsen.

Hans Christian Thomsen wurde am 20. September 1855 in Keitum als Sohn von Hans Christian Thomsen sen. (1804–1875) und dessen Ehefrau Christine Maria, geb. Peters (1811–1905), geboren. Die Familie Thomsen,[1] die ihre Ursprünge in Hoddebüll Deich bei Emmelsbüll in der Wiedingharde hat, war zu diesem Zeitpunkt erst wenige Jahrzehnte in Keitum ansässig. Der Großvater von Hans Christian Thomsen, Sönke Thomsen (1756–1842), war 1818 mit seinen Kindern von Wrewelsbüll bei Emmelsbüll nach Keitum übergesiedelt und hatte sich dort angekauft,[2] um seine Söhne vom dänischen Militärdienst zu befreien.

Die Bewohner der friesischen Inseln waren seinerzeit zur Erleichterung und Förderung der Schifffahrt durch die Verordnung des dänischen Königs Christian VI. vom 28. Januar 1735 auf ewige Zeiten „von allem Land- und Soldatendienst und allen dahin gehörigen Auflagen befreit."[3]

Zahlreiche Nachkommen von Söncke Thomsen widmeten sich auf Sylt mit der Seefahrt verbundenen Berufen. Sein Sohn Hans Christian Thomsen sen. war Schiffer, Watten- und Austernfischer, Schiffszimmermann und Segelmacher in Keitum. Er galt als einer der tüchtigsten und erfahrensten Sylter Wattenschiffer des 19. Jahrhunderts, der über hervorragende Kenntnisse über das Fahrwasser zwischen den friesischen Inseln und dem Festland verfügte.[4] Aufgrund dieser Fachkenntnisse diente

Hans Christian Thomsen sen. im Jahre 1849 nach Überlieferung des Sylter Chronisten C. P. Hansen im Rahmen der schleswig-holsteinischen Erhebung gegen die unmittelbare Einverleibung des Herzogtums Schleswig in das dänische Staatsgebiet freiwillig als Lotse auf den schleswig-holsteinischen Kanonenbooten.[5] Hans Christian Thomsen jun. erlernte wie sein Vater und sein Onkel Jürgen Thomsen (1796–1882) das Handwerk des Schiffzimmermanns. Zu diesem Zweck begab er sich mit seinen Keitumer Freunden Schwen Hans Sörensen (1856–1938) sowie Peter Heinrich Johannsen (1851–1894) und Matthias Tobias Johannsen (1854–1905) nach Brunsbüttel. Ihre Ausbildung erhielten die vier Keitumer dort bei dem Schiffbaumeister Otto Dose.[6] Nach Abschluss seiner Lehrzeit kehrte Hans Christian Thomsen nach Keitum zurück und machte sich als Schiffszimmermann mit einem Werftbetrieb im benachbarten Munkmarsch selbstständig. 1885 schloss er mit Sophie Severine Nielsen (1863–1935)[7] aus Keitum die Ehe, aus der in den folgenden Jahren sieben Kinder hervorgingen.

Neben seiner beruflichen Tätigkeit engagierte sich Hans Christian Thomsen für die Keitumer Feuerwehr, zu deren ersten Mitgliedern er gehörte. Für seine Verdienste um das Feuerlöschwesen erhielt er 1909 das im Vorjahr von Kaiser Wilhelm II. gestiftete Erinnerungszeichen für Verdienste um das Feuerlöschwesen. 1927 gehörte er zu den Gründungsmitgliedern der Segelvereinigung „Goden Wind“ (heute Sylter Segler-Club) in Munkmarsch.[8] Für Badegäste war er als erfahrener Seehundsjäger ein geschätzter Begleiter auf Seehundsjagden. Hiervon legen verschiedene überlieferte Fotografien ein beredtes Zeugnis ab.

Hans Christian Thomsen vor seinem Haus in Keitum

Sammlung Wilhelm Borstelmann, Keitum

Ebenso unternahm er mit Badegästen Segeltouren auf seinen Jachten. Mit der Ausbildung des jüngsten Sohnes Jürgen Thomsen (1889–1922) zum Schiffszimmermann in Wewelsfleth/Elbmarschen schien die berufliche Nachfolge von Hans Christian Thomsen im Munkmarscher Werftbetrieb gesichert zu sein. Jedoch blieb Jürgen Thomsen zusammen mit seinem älteren Bruder Wilhelm (1888–1922) und dem Keitumer Landwirt Peter Conrad Brodersen (1875–1922) im Herbst 1922 mit dem Segelkutter „Ida“ vor dem Lister Ellenbogen auf See. Trotz dieses schweren Schicksalsschlages führte Hans Christian Thomsen seine Werft bis über sein siebzigstes Lebensjahr hinaus fort. Am 3. März 1936 verstarb Hans Christian Thomsen, nachdem seine Frau ihm im Vorjahr wenige Monate nach der Goldenen Hochzeit im Tode vorausgegangen war, im einundachtzigsten Lebensjahr in Keitum und fand auf dem dortigen Friedhof seine letzte Ruhe.

Der Werftbetrieb von Hans Christian Thomsen in Munkmarsch auf Sylt

Als Hans Christian Thomsen 1878 in Munkmarsch seinen Werftbetrieb begann, hatte zehn Jahre zuvor eine Interessengemeinschaft von sieben Personen den Grundstock für ein solches Unternehmen am Munkmarscher Hafen gelegt. Der Hafen von Munkmarsch hatte im Laufe des 19. Jahrhunderts als Sylter Hafenplatz an Bedeutung gewonnen, nachdem der Hafen von Keitum aufgrund der Verschlickung der Priele nicht mehr angelaufen werden konnte.[9] 1859 hatte der Keitumer Kapitän und Landesgevollmächtigte Andreas Christian Andersen (1799–1879)[10] in Munkmarsch für den einzigen an der Sylter Wattseite anlaufbaren Hafen eine 100 Meter lange Mole für die Personenschifffahrt errichten lassen. Der von der Insel Nordstrand stammende Schiffseigner Thomas Selmer (1837–1920)[11] erkannte frühzeitig die Entwicklungsmöglichkeiten des Munkmarscher Hafens als zentrale Anlaufstelle im Sylter Bäderverkehr.

1866 erhielt er die Konzession für die Personen- und Postbeförderung von und nach Sylt und setzte in der Folgezeit auf der Strecke Hoyer-Munkmarsch den Dampfer „König Wilhelm I." sowie den Heckraddampfer „Bismarck" ein.[12]

Diese Fährverbindung wurde nach dem Ausbau der Eisenbahnverbindung bis Tondern im Jahre 1867 verstärkt genutzt. Für Badegäste bestand nunmehr die Möglichkeit, mit der Eisenbahn von Hamburg über Neumünster, Flensburg und Tingleff nach Tondern, von dort mit Kutschen zum Hafen Hoyer und schließlich mit der Fähre nach Munkmarsch zu gelangen.[13] Mit Blick auf den zunehmenden Schiffsverkehr im Munkmarscher Hafen hielt es Thomas Selmer für erforderlich, für anfallende Pflege- und Reparaturarbeiten an den Schiffen eine Werft zu errichten. Am 9. Dezember 1868 schloss er vor dem Königlichen Amtsgericht zu Tinnum für die Zeit bis zum 1. Mai 1878 mit dem Munkmarscher Müller und Grundbesitzer Meinert Boysen Prott (1817–1881)[14] einen Pachtvertrag über ein Landstück am Munkmarscher Ufer zur Anlegung einer Schiffswerft.[15] Für den Betrieb der Schiffswerft fand sich eine Interessengemeinschaft von sieben Personen zusammen, zu denen neben Selmer der Keitumer Kapitän und Landesgevollmächtigte Uwe Bleicken (1818–1877),[16] der Westerländer Schiffer Lorenz Matthias Cornelisen (1837–1910) sowie die Keitumer Schiffer Peter Jonas Eilers,[17] Friedrich Sehestedt Meinerts (1838–1894),[18] Andreas Jens Hansen

Schiffer und Seehundsjäger Hans Christian Thomsen jr. mit Gästen nach erfolgreicher Seehundsjagd
Foto: Sammlung Wilhelm Borstelmann, Keitum

(1829–1894)[19] und dessen Schwiegervater Hans Christian Thomsen sen. gehörten.[20]

Zu Beginn des Jahres 1875 legten die Teilhaber die Benutzung ihres Schiffshelgens und des dazu gehörenden Inventars vertraglich fest und stellten damit ihre bisher geübte Benutzung auf eine vertragliche Grundlage.[21] In § 1 dieser Regelung hieß es: „Jeder Theilhaber am Hellgen ist berechtigt, dieselbe nebst der dazu gehörigen Inventarienstücke für die Zwecke seines eigenen Fahrzeugs zu benutzen, ohne dafür irgendeine Vergütung an die Mitinteressenten zu entrichten und verpflichten sämtliche Theilhaber sich gegenseitig behufs Auf- und Abbringung eines eigenen Fahrzeugs je einen Mann zur Hilfeleistung unentgeltlich zu stellen." Darüber hinaus enthielt der Vertrag Regelungen über die entgeltliche Benutzung des Schiffshelgens durch Dritte und die Veräußerung des Anteils durch die Teilhaber.

Für den Munkmarscher Werftbetrieb legten die Teilhaber der Interessengemeinschaft abgelagerte Fichtenholzbohlen als Slip vom Land aus ins Wasser. Wenn ein Schiff zur Reparatur an Land gezogen werden musste, fettete man diese Holzbohlen. Am Schiffsbug wurde ein Stahlseil angeschlagen, und dann konnte ein Schiff mittels eines von mehreren Personen zu drehenden Ankerspills langsam aus dem Wasser gezogen werden. Nur auf diese Weise konnten die Schiffe an Land repariert oder ihr Rumpf mit Werg und viel Teer kalfatert werden.[22] Bereits in den ersten Jahren nach der Werftgründung wurde die neu entstandene Reparaturmöglichkeit von zahlreichen festländischen und Sylter Schiffern genutzt.

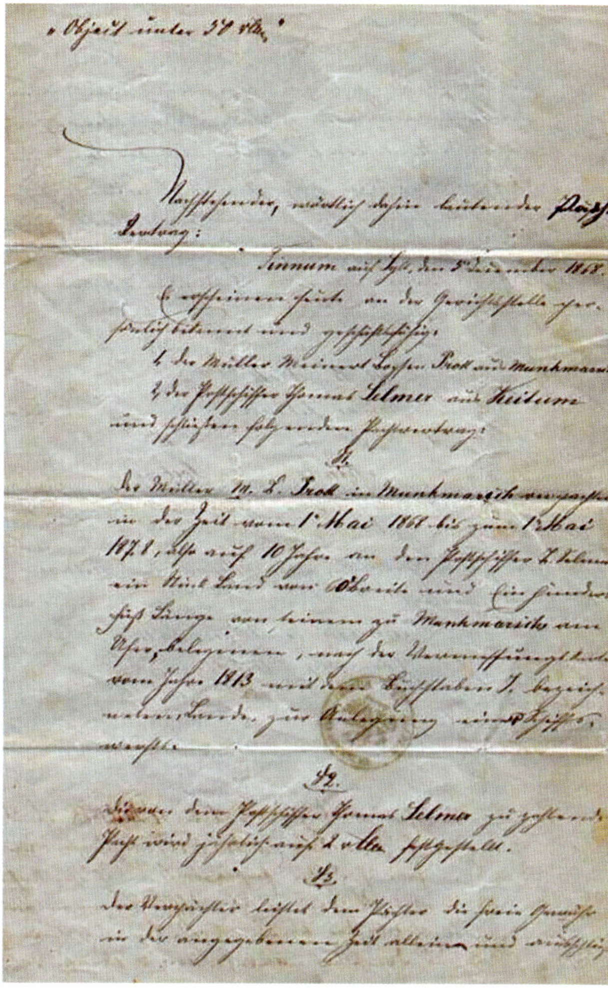

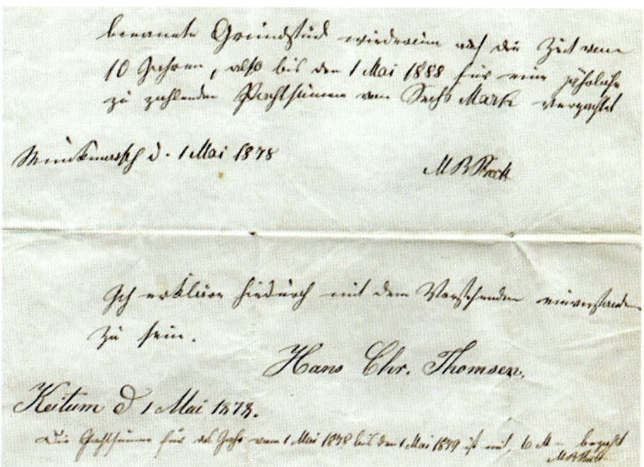

Hans Chr. Thomsen

Keitum d 1 Mai 1878.

Pachtvertrag über das Werftgrundstück in Munkmarsch zwischen dem Müller Meinerts Boysen Prott und dem Postschiffer Thomas Selmer vom 9.12.1868, in den Hans Christian Thomsen am 1.5.1878 einstieg. Sammlung Wilhelm Borstelmann

Für die Benutzung des Helgens hatten sie ein „Helgengeld“ zu entrichten, das die Teilhaber der Interessengemeinschaft untereinander teilten. Unter den Nutzern des Helgens findet sich im ersten Jahrzehnt nach der Werftgründung auch der Keitumer Kapitän Schwenn Wögens (1833–1920),[23] der seit 1876 Inspektor der Deutschen Dampfschiffs-Gesellschaft Komos (Kosmos Linie) in Hamburg war und zu den bedeutenden Sylter Kapitänen seiner Zeit gehörte.[24]

Hans Christian Thomsen jun. heiratete später mit Sophie Severine Nielsen eine Nichte von Kapitän Wögens.

Nach Ablauf des Pachtvertrages zwischen Meinert Boysen Prott und Thomas Selmer für das Werftgrundstück im Frühjahr 1878, stieg Hans Christian Thomsen jun. in den Pachtvertrag ein. Wir dürfen annehmen, dass sein wenige Jahre zuvor verstorbener Vater Hans Christian Thomsen sen. Der bereits zu der an der Werftgründung beteiligten Interessengemeinschaft gehörte, hierfür den Weg geebnet hatte. Am 1. Mai 1878 einigte sich Hans Christian Thomsen jun. mit Prott über die Pacht des Werftgrundstücks bis zum 1. Mai 1888.[25] In der Folgezeit setzte er die Munkmarscher Werft auf eigene Rechnung fort. Später wurde das Pachtverhältnis immer wieder verlängert.

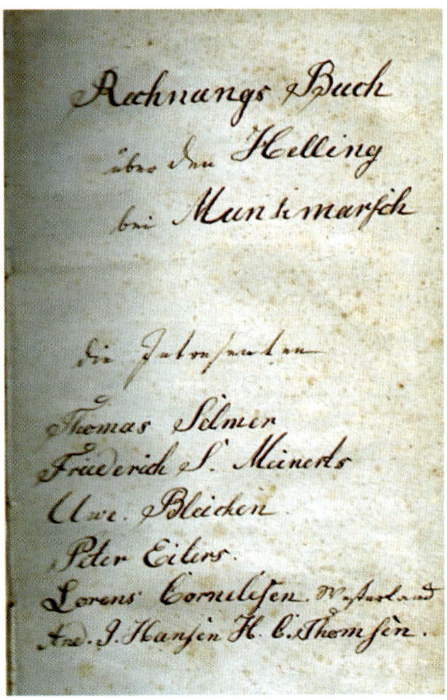
Rechnungs Buch
über den Helling
bei Munkmarsch
die Interessenten
Thomas Selmer
Uwe Bleicken
Peter Eilers
Lorens Cornelsen
H. C. Thomsen

Deckblatt des Rechnungsbuches über den Helling bei Munkmarsch aus dem Besitz von Christian Thomsen sen.
Sammlung Wilhelm Borstelmann

Über die Geschäftsentwicklung in den ersten Jahren nach der Übernahme der Werft durch Hans Christian Thomsen ist wenig bekannt. Die überlieferten Rechnungsbücher beginnen erst im Jahre 1898.[26] Aus der Vorzeit ist allein eine Rechnung für die Reparatur des Fahrzeugs des Schiffers Jens Nielsen aus Ruttebüll-Rosenkranz in der Wiedingharde aus dem Jahre 1882 erhalten.[27]

Aus dieser Rechnung geht hervor, dass eine Schiffsreparatur auf Thomsens Werft 32 Tage in Anspruch nehmen konnte. Das Rechnungsbuch für den Zeitraum von 1898 bis 1919 dokumentiert, dass in diesem Zeitraum die Ausführung von kleineren Reparaturen an den Schiffen der Sylter Dampfschifffahrt-Gesellschaft A.-G. (SDG) im Vordergrund der Tätigkeit von Hans Christian Thomsen stand. Die Sylter Dampfschifffahrt-Gesellschaft war 1882 mit Blick auf den zunehmenden Verkehr zwischen Sylt und Hoyer gegründet worden. Nach dem Ausbau der Marschbahn bis Tondern im Jahre 1887 und wenige Jahre später auch bis Hoyer-Schleuse sowie dem Ausbau der Sylter Inselbahn seit 1888[28] war eine durchgehende Reisemöglichkeit mit modernen Verkehrsmitteln von und nach Sylt gewährleistet. Die Sylter Dampfschifffahrt-Gesellschaft stellte in den Jahrzehnten nach ihrer Gründung die Dampfschiffe „Sylt“ (1883), „Vorwärts“ (1884), „Westerland“

(1885), „Nordsee“ (1892), „Hoyer“ (1897), „Frisia“ (1900), „Freya“ (1905) und „Auguste Victoria“ (1919) in ihren Dienst.[29] Während die größeren Reparaturarbeiten an diesen Schiffen die Schicksche Werft in Büdelsdorf bei Rendsburg übernahm, die die Schiffe abwechselnd von außen und innen überholte,[30] führte Hans Christian Thomsen regelmäßig die anfallenden kleineren Reparaturen in Munkmarsch aus. Hinzu kam die Übernahme von Reparaturarbeiten an den Anlegebrücken und an der Mole im Munkmarscher Hafen. In diesem Zusammenhang beschäftigte Hans Christian Thomsen regelmäßig mehrere Arbeiter,[31] nach mündlicher Überlieferung seiner jüngsten Tochter Sophie Severine Borstelmann, geb. Thomsen (1893–1986), zeitweise bis zu 24. Neben den Arbeiten für die Sylter Dampfschifffahrt-Gesellschaft und an den Munkmarscher Hafenanlagen übernahm Hans Christian Thomsen regelmäßig Reparaturen an den Schiffen der Sylter Schiffer. So nahm er ausweislich seines Taschenbuchs beispielsweise Reparaturen am Ewer „Magdalena“ des Keitumer Schiffers Hans Siewertsen (1865–1942) vor. Siewertsen fuhr von Munkmarsch als Küstenschiffer überwiegend nach Husum, um Gebrauchsgüter, Lebensmittel, Gemüse, Getreide, Torf, Steine, Holz und vieles mehr nach Sylt zu transportieren. Ebenso bewerkstelligte er bei Umzügen vom und zum Festland den Transport von Möbeln und Hausrat.[32] Viele Jahrzehnte später heiratete ein Enkel von Hans Christian Thomsen eine Enkelin von Hans Siewertsen.[33] Vermutlich zu den letzten Aufträgen, die Hans Christian Thomsen für seine Werft übernahm, ge-

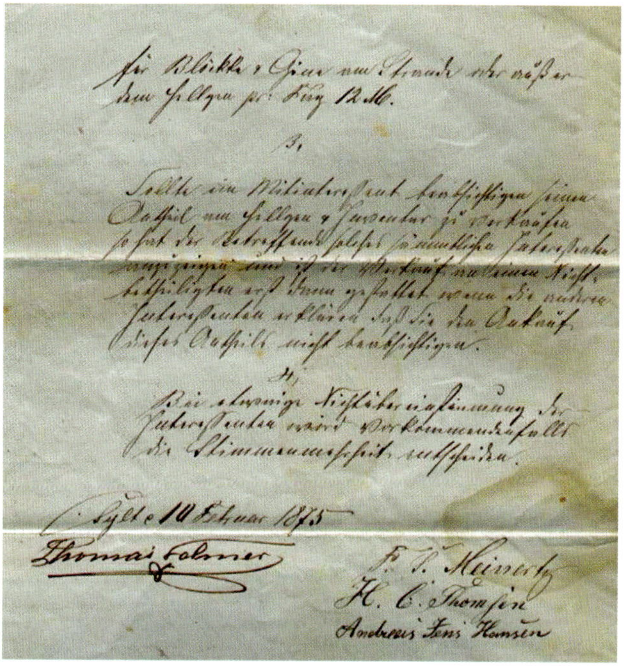

Vereinbarung der Eigentümer des Schiffshelgens in Munkmarsch über dessen Benutzung vom 10.2.1875

Sammlung Wilhelm Borstelmann

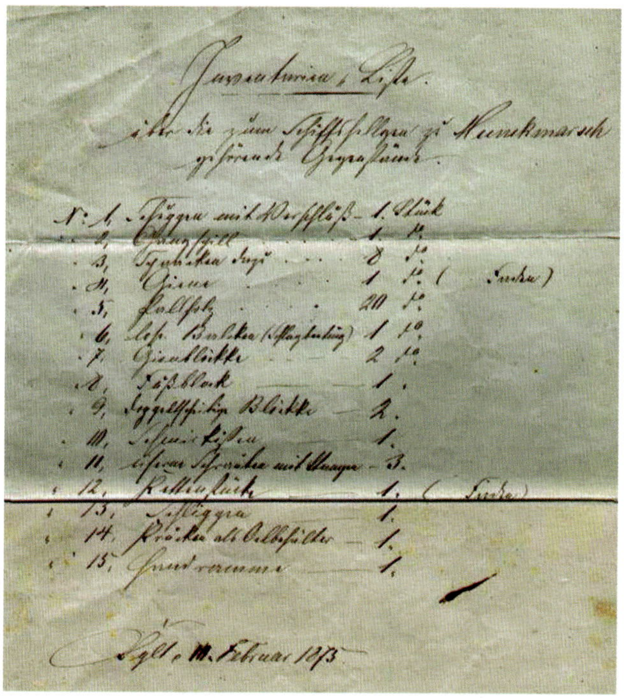

Rechnung von Hans Christian Thomsen für den Schiffer Jens Nielsen von 1882

Sammlung Wilhelm Borstelmann

Auf der Munkmarscher Werft, von links: der dänische Fischer Mads Sörensen, Schiffszimmermann Hans Christian Thomsen und die Kapitäne Jan M. Peters und Michel Andresen

Foto: Sammlung Wilhelm Borstelmann

Auf der Munkmarscher Werft Foto: Sammlung Wilhelm Borstelmann

Auf der Munkmarscher Werft Foto: Sammlung Wilhelm Borstelmann

hörten im Jahre 1926 die Reparaturen an der Jacht des Düsseldorfer Marinemalers und Graphikers Eduard Schloemann (1888–1940).[34] Sein letztes Schiff veräußerte Thomsen 1931 an die Brüder Lorenzen in Rantum.[35]

Ende des Munkmarscher Werftbetriebes

Mit der Eröffnung des Eisenbahnverkehrs nach Sylt über den Hindenburgdamm im Sommer 1927 stellte die „Sylter Dampfschifffahrt-Gesellschaft" ihren Fährbetrieb ein und veräußerte ihre Schiffe.[36] Damit verlor der Hafen von Munkmarsch seine Bedeutung. Mit Blick auf diese Entwicklung, den Seemannstod der in den Werftbetrieb einbezogenen Söhne und sein fortgeschrittenes Alter, gab Hans Christian Thomsen in der zweiten Hälfte der 1920er Jahre seinen Munkmarscher Werftbetrieb nach und nach auf. Mit seiner Beteiligung an der Gründung der Seglervereinigung „Goden Wind" (heute Sylter Segler-Club) in Munkmarsch am 10. März 1927 trug Hans Christian Thomsen als einer der Senioren dazu bei, dem Munkmarscher Hafen einen neuen Aufgabenbereich zu erschließen. Zwar verlor der Hafen 1927 seine Bedeutung als zentraler Sylter Fährhafen, und in den Jahren nach dem Zweiten Weltkrieg außerdem auch als Umschlagsplatz für kleine Frachtsegler sowie für einige dort beheimatete Krabbenkutter. Bis heute spielt er jedoch als kleiner Segler- und Sportbootshafen eine wichtige Rolle.

Am Munkmarscher Hafen, links Hans Christian Thomsen, rechts der Schiffer Hans Siewertsen, die mittlere Person ist unbekannt

Foto: Sammlung Wilhelm Borstelmann

Der Schiffer Hans Siewertsen (1865–1942), Husum-Fahrer, transportierte viele Jahrzehnte Waren von Husum nach Munkmarsch.

Sammlung Elsa Hegwer-Borstelmann

Ewer „Magdalena“ des Schiffers Hans Siewertsen an der alten Anlegebrücke am Munkmarscher Hafen

Sammlung Elsa Hegwer-Borstelmann

Historische Ansicht von Munkmarsch

Foto: Sylter Archiv, Westerland

Hans Christian Thomsen mit einem Freund auf seinem Segler, zur Vorbereitung für die nächste Fahrt mit Kurgästen (siehe Bild unten).
Foto: Sammmlung Wilhelm Borstelmann

Was hat der Sylter Damm gebracht?
1847 kaufte der aus Westerland stammende Stellmacher Meinert Boysen Prott die Munkmarscher Mühle von Niels Lorenzen, der 34 Jahre Müller und Besitzer der Mühle war. Die begehrten Mühlenerzeugnisse der Sylter Mühlen wurden vom Munkmarscher Hafen überwiegend nach Norwegen ausgeführt. Als Rückfracht von Skandinavien brachten die Frachtschiffe Bauholz, für die steigende Entwicklung des Badeortes Westerland und der damit verbundenen Bautätigkeit, nach Sylt.

Foto: Sammlung Wilhelm Borstelmann

„Kaum eine Spur kündet heute mehr die Stätten an, an denen Jahrhunderte lang die Erträge unserer Äcker für den menschlichen oder tierischen Bedarf gemahlen wurden."

Hans Jürgen Stöver: „Die Windmühlen der Insel Sylt"

Nach Fertigstellung des Hindenburgdammes wurde die Schiffverbindung Hoyerschleuse DK – Munkmarsch/Sylt beendet.

Am 31. Mai 1927 um 15 Uhr gab es die letzte Verbindung von Hoyer nach Munkmarsch. Damit wurde auch die Kleinbahn für die Strecke von Munkmarsch nach Westerland nicht mehr benötigt und 1928 abgebaut.

„Schon als die Idee zum Bau eines Dammes vom Festland zur Insel Sylt geboren wurde, gab es etliche kritische Stimmen. Die Festlandbewohner forderten, da durch den Bau höhere Wasserstände an den Küsten zu erwarten wären, sollten noch vor dem Bau eines Dammes ihre Deiche erhöht werden. Aus demselben Grund forderten auch die Ost-Dörfer der Insel, sowie auch die Stadt Westerland, die Erhöhung des südlich von Westerland und Tinnum gelegenen Deiches. Diesen Deich gibt es auch heute noch. Er soll als zweite Deichlinie die Menschen und Häuser sichern, sollte einmal der Nössedeich einer Sturmflut nicht standhalten.

Viele der Morsumer, besonders die Älteren, aber wollten den Damm überhaupt nicht. Durch die in Morsum betriebene Landwirtschaft war die Ernährung und damit auch das Leben etwas leichter als in den anderen Orten der Insel. Es hieß zu der Zeit: Herrscht schon in Keitum große Not, gibt es in Morsum immer noch Speck und Brot. (...)

Munkmarsch mit Graupenmühle, Hotel und Hafen 1900.

Postkarte von 1901 Sammlung Wilhelm Borstelmann

Man meinte, dass, durch den möglichen stärkeren Fremdenverkehr im Westen der Insel, Morsum so ein bisschen ins Abseits gedrängt werden würde. Durch Abwanderung von jungen Leuten würde das Dorf sehr leiden, und durch Zuzug von Fremden langsam aber sicher eine Überfremdung und auch eine Fremdbestimmung eintreten. Die Morsumer gingen so weit, dass sie alle, die sich nur ein bisschen positiv für den Dammbau äußerten, mit Verachtung straften.

Der damalige Morsumer Pastor Johler war auch ein Befürworter des Dammes. Er konnte die Ängste und Sorgen der Morsumer um ihr Dorf und seiner Zukunft wohl verstehen, aber war auch der Meinung, dass nicht nur der Westen der Insel, sondern auch Morsum von einem solchen Damm erheblich profitieren würde. Dadurch, dass er den Gegnern eines solchen Wattenmeerdammes Verständnis entgegenbrachte, sich gleichzeitig aber auch für den Bau eines solchen Dammes einsetzte, geriet er zwischen zwei Mühlsteine. Die Morsumer machten so lange und mit allen Mitteln gegen ihren Pastor Front, bis er sogar abberufen wurde.

Auch als Ingenieure und Vorarbeiter in Morsum Zimmer anmieteten und die Morsumer sogar durch den Dammbau Geld verdienten, änderten sie ihre Meinung nicht. Warum sollte man nicht Geld an einem Objekt verdienen, dass ihrer Meinung nach sowieso nicht fertiggestellt werden würde. Da würde die Nordsee schon für sorgen, das war ihre Meinung.

Am 1. Juni 1927 ist der Damm aber doch fertiggestellt, eingeweiht worden. Was hat dieser Hindenburgdamm nun für die Insel gebracht? Durch die bessere und schnellere Verbindung wurde es für die Sylt-Gäste erheblich leichter, zur Insel zu kommen. Damit stiegen für die Sylter die Möglichkeiten, ihre Betten viel besser zu vermieten. Damit verbesserte sich natürlich auch ihre Ernährungssituation erheblich. Die Umsätze im Handel stiegen ständig und auch die Handwerksbetriebe erfreuten sich laufend besserer Auslastung.(…)

Natürlich hat das auch alles eine Kehrseite. Die Natur und Landschaft hat unter dem zwischendurch sich entwickelten Massentourismus erheblich gelitten. Durch die enorme Bautätigkeit, gerade in den letzten Jahrzehnten, ist viel Landschaft und Natur zerstört worden und verloren gegangen. Der

Autoverkehr ist fast unerträglich geworden. Durch die vielen Zweitwohnungen wurden die Orte mehr und mehr zu Museums- oder Geisterdörfern. Viele Monate im Jahr stehen Häuser und Zweitwohnungen leer. Junge Leute aber müssen immer öfter von der Insel wegziehen, da sie bei Erbauseinandersetzungen die Geschwister nicht mehr ausbezahlen, aber auch ansonsten die hohen Grundstückspreise oder Wohnungsmieten nicht mehr aufbringen können. Durch die damit einhergehende Überfremdung sinkt die Lebensqualität der nachbleibenden Sylter und zur Steigerung des kulturellen Lebens trägt ein solches natürlich auch nicht gerade bei.

Die Frage ist allerdings, ob diese Entwicklung alleine nur dem Hindenburgdamm angelastet werden darf. Auch wenn der Damm so eine Art Geburtshelfer für den Massentourismus geworden ist, ist aber kein Sylter gezwungen worden, sein Land oder seine Grundstücke zu veräußern. Dadurch war die ausufernde Bautätigkeit erst möglich geworden. (...)"

Anmerkungen von Alfred Bartling. Aus: Morsumer Kulturfreunde e.V., 75 Jahre Hindenburgdamm, Ausstellung Juli 2002

Aber in der Zukunft müssen wir verstärkt auf den Erhalt des Kostbarsten unserer Insel achten, der Schonung unserer Natur und Landschaft sowie den Erhalt unserer Kultur.

Seit der Eröffnung bildet der Hindenburgdamm fast 100 Jahre die Lebensader – zwischen dem Festland und der Insel Sylt.

Mammutprojekt Hindenburgdamm

„Mit Ausnahme der Trockenbaggerungen, die auf dem Festlande der Firma Holzmann & Co., Frankfurt (Main), auf der Insel der Firma Fix Söhne, Duisburg, übertragen waren, wurden sämtliche Dammbauarbeiten im Eigenbetriebe der Reichswasserstraßenverwaltung ausgeführt, die ihre sachverständigen Kräfte der Reichsbahnverwaltung zur Verfügung gestellt hatte. Ihr gebührt für ihr zähes erfolgreiches Ringen mit den Naturgewalten, für die pünktliche Durchführung des Baues und für die reibungslose Zusammenarbeit mit der Reichsbahndirektion Altona volle Anerkennung und wärmster Dank.

Die Kosten der gesamten Neubaustrecke beliefen sich, ohne den, dem Kreis Südtondern im Wesentlichen zur Last gefallenen Grunderwerbs, auf etwa 25 Millionen Mark. Der Damm durchs Wattenmeer hat allein (ohne Gleis) rund 18,5 Millionen Mark verschlungen. Das Land Preußen hat namhafte Zuschüsse hierzu geleistet.

Nach Vollendung des Werkes wird sich in der Verkehrsentwicklung nach der Insel Sylt ein gewaltiger Umschwung vollziehen."

Der neue Eisenbahnweg durch das Wattenmeer nach Westerland-Sylt. Von Dir. Reichsbahn Kümmel. Altona, 1927

Unter der Regie des „Preußischen Wasserneubauamtes Dammbau Sylt" waren Tag und Nacht bis zu 1500 Dammbauarbeiter, oft unter den härtesten Bedingungen, beschäftigt. Gearbeitet wurde bei Regen, Sonne, Wind und Kälte im Akkord, kein Acht-Stundentag. 30 Segler, drei Schlepper und 20 Schuten bedienten die Arbeiter mit Baustoffen. Täglich versorgte ein Materialzug mit 70 Wagen die Baustelle. Die Bauarbeiten dauerten vier Jahre.

Die Breite der Sohle des Bauwerks beträgt 50 m, die Breite der Krone

11 m und die Gesamthöhe 10 m. Es mussten 3,6 Mil. Kubikmeter Erde und über 400.000 Tonnen Steine, Kies, Busch und Pfähle bewegt werden.

Der Wasserbauingenieur Dr. Hans Pfeiffer, von 1914 bis 1927 Vorstand des Preußischen Wasserbauamtes Dammbau Sylt, leitete den Bau des Dammes vom Festland zur Insel Sylt. Seine Doktorarbeit vom 11. Mai 1920 befasst sich mit der Untersuchung der Ausführung zum Bau des Sylt-Dammes. Der Bau dieses Dammes galt auch in seiner Ausführung als Pioniertat. Es gab bis dahin kein vergleichbares Bauwerk. Bei der Eröffnung des Dammes wurde diese Leistung vom Reichspräsidenten Paul von Hindenburg entsprechend gewürdigt.

„Von 1908 bis 1914 leitete er den Bau der Rendsburger Drehbrücke.

Von 1939 bis 1949 war er Präsident der Wasserstraßendirektion Kiel.

Julius Alexander Hans Pfeiffer wurde am 23.10.1879 in Stettin geboren und starb am 8.11.1960 in Kiel."

Johann M. Lorenzen in Schleswig-Holsteins Biographisches Lexikon, Bd. 3, Neumünster, 1974

Vor einem halben Jahrhundert wurde der zweigleisige Ausbau in Betrieb genommen.

„(...) Jetzt steht ein kleines Jubiläum bevor: 1972 wurde der zweigleisige Ausbau des 11,3 Kilometer langen Eisenbahndammes eröffnet, von dem gut acht Kilometer direkt im Watt verlaufen. Zuvor war der Damm nur eingleisig befahrbar. Das bedeutete für den Bahnbetrieb nach Sylt einen Flaschenhals, trotz des 1955 eröffneten und mitten im Watt gelegenen Betriebsbahnhofs, an dem Zugkreuzungen und -überholungen möglich waren.

Das Hamburger Abendblatt berichtete am 9. Juni 1972 über die Erweiterungsarbeiten: ‚Das alte Gleis wurde Zentimeter um Zentimeter zur Seite geschoben, der Damm auf einer Seite aufgeschüttet und so Platz für das zweite Gleis geschaffen.' (...)

Die Kapazitätssteigerung des Hindenburgdamms durch die Eröffnung des zweiten Gleises im Jahr 1972 war dringend nötig. Dazu trug auch ein anderes Verkehrsmittel bei, das Auto: 1932 gab es erstmals Autoreisezüge nach Westerland, heute bieten sowohl die Deutsche Bahn (‚DB Sylt Shuttle') als auch (‚Der Blaue Autozug') solche Verbindung an. (...)

Rundum zufrieden ist man 50 Jahre nach dem zweigleisigen Ausbau des Hindenburgdamms längst nicht mit der Bahnanbindung der Insel. Im April 2021 teilte die Bahn mit, dass diese 13 Kilometer lange Strecke im laufenden Betrieb für mehr als 220 Millionen Euro zweigleisig ausgebaut werden soll. (...)

Eine Baustelle ist schließlich auch der Name des Damms, angelehnt an die Eröffnung durch Reichspräsident Paul von Hindenburg. Es gibt immer wieder Bestrebungen, die Strecke mit einem historisch neutralen Begriff zu bezeichnen. Zur Eröffnungsfeier 1927 war noch von ‚Der Wattenmeerdamm', ‚Der neue Weg' und ‚Sylter Dammbau' die Rede."

„Sylt und der Hindenburgdamm. Watt für ein Fortschritt". Auszüge aus der Frankfurter Allgemeinen Sonntagszeitung, 21. November 2021 (Ausgabe 46/2021)

Anmerkungen zu Hans Christian Thomsen und seine Werft in Munkmarsch auf Sylt.

Von Wilhelm Borstelmann und Daniel Ihonor

[1] Zur Geschichte und Genealogie der Familie Thomsen vgl. Wilhelm Borstelmann und Daniel Ihonor: Die Sylter Familien Thomsen und Wögens und verwandte Geschlechter. Eine genealogische Aufstellung, Bräist/Bredstedt 2001 (Sylter Genealogien Band 5).

[2] Zum Grundbesitz der Familie Thomsen in Keitum vgl. Erich und Erika Voß: Die Stavenbesitzer und ihre Familien im alten Keitum (1709–1875), S. 33, 45 und 191.

[3] Vgl. Christian Peter Hansen: Chronik der Friesischen Uthlande, 2. Auflage, Garding 1877, S. 182.

[4] Vgl. „Von Sylter Seefahrern": 2. Blatt der Sylter Nachrichten Nr. 135 vom 16.11 1931.

[5] Vgl. Voss: die Stavenbesitzer (wie Anm. 2), S. 45.

[6] Vgl. Privatarchiv Elisabeth Westmore, geb. Ingwers, Arreton, Hooke Hill, Freshwater, Isle of Wight/Großbritannien, Lebenslauf unseres Großvaters Schwen Hans Sörensen in Tinnum auf Sylt.

[7] Zur Genealogie der Familien Nielsen vgl. Borstelmann/Ihonor: Die Sylter Familien (wie Anm. 1), S. 54f.

[8] Vgl. Sylter Segler-Club 1927–1997 (Hrsg.): Chronik des Sylter Segler-Club e.V. Munkmarsch/Sylt, Munkmarsch 1997.

[9] Vgl. Hans Jürgen Stöver: Der Hafen von Keitum auf Sylt. In: Schleswig-Holstein 5/79, S. 2-6.

[10] Über Andreas Andersen vgl. Wilhelm Krüger: Andreas Andersen. In: Schleswig-Holsteinisches Biographisches Lexikon, Band 1, Neumünster 1970, S. 34f.

[11] Über Thomas Selmer vgl. Harry Kunz und Thomas Steensen: Sylt Lexikon, herausgegeben vom Nordfriisk Instituut, Neumünster 2002, S. 320; Voß: Die Stavenbesitzer (wie Anm. 2), S. 114.

[12] Vgl. Gerd Uwe Detlefsen: Leinen los! Geschichte der Sylter Schiffart, Flensburg 2002, S. 20.

[13] Zum Bäderverkehr und zur Erschließung der Insel Sylt über Tondern vgl. Hans Bock: Die Marschbahn von Altona nach Westerland. Eine Fotochronik der Baugeschichte, Heide 1989, S. 136ff.

[14] Zur Familie Prott vgl. Karl Schmidt-Rodenäs: Sylter Geschlechter um und nach Lorenz Petersen de Haan, Bredstedt/Bräist 1981, S. 286.

[15] Vgl. Privatarchiv Wilhelm Borstelmann, Keitum/Sylt, Pachtvertag vom 9.12.1868.

[16] Über Uwe Bleicken vgl. Deutsches Geschlechterbuch: Band 186, 3. Schleswig-Holsteinischer Band, bearbeitet von Friedrich Schmidt-Sibeth, Limburg/Lahn 1981, S. 27f. ; Schmidt-Rodenäs: Sylter Geschlechter (wie Anm. 14), S. 42 und S. 48; Kunz/Steensen: Sylt Lexikon (wie Anm. 11), S. 38f.

[17] Vgl. Voß: Die Stavenbesitzer (wie Anm. 2), S. 134.

[18] Vgl. ebd., S. 31.

[19] Vgl. Borstelmann/Ihonor: Die Sylter Familien (wie Anm. 1), S. 22.

[20] Vgl. Privatarchiv Wilhelm Borstelmann, Keitum/Sylt, Rechnungs-Buch über den Helling bei Munkmarsch. In diesem Buch werden die genannten Personen eingangs als „Interessenten" genannt.

[21] Vgl. Privatarchiv Wilhelm Borstelmann, Keitum/Sylt, Vertrag vom 10.2.1875.

[22] Karl-H. Walloch: Das Sylt Lesebuch. Geschichte und Geschichten von Einheimischen und Fremden, Hamburg 1995, S. 52ff.; ders., Fährhaus Munkmarsch auf Sylt. Geschichte in Geschichten, Morsum 1999, S. 25.

[23] Vgl. Privatarchiv Wilhelm Borstelmann, Keitum/Sylt, Rechnungsbuch der Helling bei Munkmarsch.

[24] Vgl. Borstelmann/Ihonor (wie Anm. 1), S. 59, Kunz/Steensen (wie Anm. 1), S. 398 und Georg Quedens: Inseln der Seefahrer-Sylt, Föhr, Amrum und die Halligen, Hamburg 1982, S. 94f.

[25] Vgl. Anm. 15. Auf dem Pachtvertrag vom 9.12.1868 wurden auch die Abreden vom 1.5.1878 protokolliert.

[26] Vgl. Privatarchiv Wilhelm Borstelmann, Keitum/Sylt, Diarium für Hans Christian Thomsen, Keitum auf Sylt (beginnend 1898), Taschenbücher für Hans Christian Thomsen in Keitum auf Sylt (beginnend 1906 und 1913).

[27] Ebd., Rechnung vom 18.3.1882.

[28] Vgl. Bock: Die Marschbahn (wie Anm. 13).

[29] Vgl. Heinrich Kraft: Fährverbindungen zwischen dem Festland, den Inseln und Halligen in alter und neuer Zeit. Die Inseln Sylt und Röm. In: Zwischen Eider und Wiedau 1973, S. 66–92, insbesondere S. 79ff.

[30] Vgl. Kraft: Fährverbindungen (wie Anm. 29), S. 80.

[31] In seinem Taschenbuch verzeichnet Hans Christian Thomsen 1913 folgende zwölf Personen, die er im Zusammenhang mit Reparaturarbeiten an der Munkmarscher Mole insgesamt 230 Tage beschäftigt und entlohnt hat: Boy Thiessen, Wulf Decker, Ingwer Franzen, Magnus Callesen, Peter Petersen, H. Holst, Andreas Lorenzen, seinen Sohn Wilhelm Thomsen, Christian Hansen, Carl Callesen, Carl Christiansen und Ole Olesen, vgl. Privatarchiv Wilhelm Borstelmann, Keitum/Sylt.

[32] Über Hans Siewertsen vgl. Annemarie Winger: Ein altes Haus, seine Bewohner und ihre Geschichte. In: Zwischen Eider und Wiedau 1987, S. 87–91, insbesondere S. 90.

[33] Vgl. Borstelmann/Ihonor: Die Sylter Familien (wie Anm. 1), S. 29.

[34] Über Eduard Schloemann vgl. Hans Vollmer (Hrsg.): Allgemeines Lexikon der Bildenden Künstler des XX. Jahrhunderts, Vierter Band, Leipzig 1958, S. 193; Privatarchiv Wilhelm Borstelmann, Keitum/Sylt, Schreiben von Eduard Schloemann an Hans Christian Thomsen vom 16.3.1926.

[35] Ebd., Schreiben der Geschwister Lorenzen, Rantum, an Hans Christian Thomsen vom 3.12.1931.

[36] Vgl. Detlefsen: Leinen los! (wie Anm. 12), S. 52.

Quellen

1905 Fahrplan zwischen Hoyerschleuse und Munkmarsch. Plakat: Kunst Anstalt F. W. Kähler Erben Hamburg für Sylter Dampfschifffahrt-Gesellschaft AG. Sammlung Marienhotel Sylt-Westerland

Atelier Rembrandt, Westerland/Sylt

Bartling, Alfred, Anmerkungen aus: Morsumer Kulturfreunde e.V., 75 Jahre Hindenburgdamm, Ausstellung Juli 2002.

Berenberg, Carl, „Die Nordseeinseln an der deutschen Küste nebst ihren Seebade-Anstalten", 1884.

Borstelmann, Wilhelm/Ihonor, Daniel: Hans Christian Thomsen und seine Werft in Munkmarsch auf Sylt, in: Nordfriesisches Jahrbuch, Band 42, 2006/07; Bredstedt 2006, S. 115ff.

Deppe, Frank: „Den Feind bekamen sie auf Sylt nie zu Gesicht", Sylter Rundschau 01.08.2014.

Detlefsen, Gerd Uwe – Fotos und Informationen der „Freya"

Foto Heroldt, Westerland/Sylt

Frankfurter Allgemeine Sonntagszeitung, 21.11.2021 (Ausgabe 46/2021), S. 44.

Golfclub, Morsum – Aus der Chronik, 1965

Griebens Reiseführer Band 53, Nordseebäder, Berlin 1910/11

Hansen, C. P.: „Der Fremdenführer", Schleswig 1980.

Humboldt Universität Archiv, Berlin HU UA. NL

Husum-Gutachten der Königlichen Bauabteilung Sylt von Regierungsbaumeister Hans Pfeiffer, 20. März 1917, in: Kreisarchiv Nordfriesland.

Jensen, Christian, „Die Nordfriesischen Inseln, Sylt, Föhr, Amrum, Helgoland und die Halligen" 1927.

Koch, Hanns: „Aus alten Sylter Tagen" 1908, Gebrüder Peatel, Berlin 1908, S. 34, 35.

Laage, Karl Ernst: „Theodor Storms letzte Reise." Heide 2000.

Lauritzen, Ekkehard, Hamburg: Fotos und Informationen, 1980 geschriebene Gedanken von Karin Lauritzen, geb. Johler. Tochter des Morsumer Pastors Hans Johler

Marien Hotel Sylt, Westerland: 1893 Fahrplan der Post- und Passagierdampfschiffe „Sylt" und „Westerland"

Pfeiffer, Dr. Ing. Hans/ Mügge, Waldemar: „Bau eines hochwasserfreien Eisenbahndammes vom Festlande nach der Insel Sylt", in: „Die Bautechnik", 10. Februar 1928, 6. Jahrgang, Heft 6, Berlin.

Pfeiffer, Dr. Ing. Hans/ Mügge, Waldemar: „Bau eines hochwasserfreien Eisenbahndammes vom Festlande nach der Insel Sylt", in: „Die Bautechnik", 17. Februar 1928, 6. Jahrgang, Heft 7, Berlin.

Pförtner, Jochen, Westerland. Historische Dammbau-Fotos

Reederei Adler-Schiffe, Vermittlung alter Fotos der „Freya"

Scholz, Emma geb. Kruse: „Blick auf 100 Jahre Morsum/Sylt", 1999.

Simon, Sven: „Sylt Abenteuer einer Insel". Hoffmann und Campe Verlag GmbH, Rechte und Lizenzen, Hamburg 1980.

Steensen, Thomas u. Kurz Harry, „Sylt Lexikon", S. 144, 263, 264

Stöver, Hans Jürgen Wiebke u. Wolfgang Fey: „Strandungen vor Sylt", Hamburg 1979.

Stöver, Hans Jürgen: „Die Windmühlen der Insel Sylt", Wenningstedt 1990.

Sylter Archiv, Westerland-Fotos und Zeitungsberichte, Dammbauausgabe Juni 1927

Thaysen, Lütje Hinrich, Archsum

Theodor-Storm-Gesellschaft, Husum

„Verein deutscher Ingenieure". Dir. Kümmel, Reichsbahn, Altona, Januar 1928.

von Bremen, Silke: „‚Der Dicke' und der Dolch" – Sylter Rundschau 17.1.2018

Wielandt, Gondel: „Die Lassens von Sylt", Hamburg 2001.

Westerland „100 Jahre Stadt, 150 Jahre Bad" 2005

Zeitung des Vereins Deutscher Eisenbahnverwaltungen: Der neue Eisenbahnweg durch das Wattenmeer nach Westerland/Sylt, von Direktor der Reichsbahn H. Kümmel, Altona. Berlin, den 26. Mai 1927, LXVII. Jahrgang.

Anhang

Fortsetzung von Seite 40

Gutachten von 1917 zur Wirkung des Deichbaus.

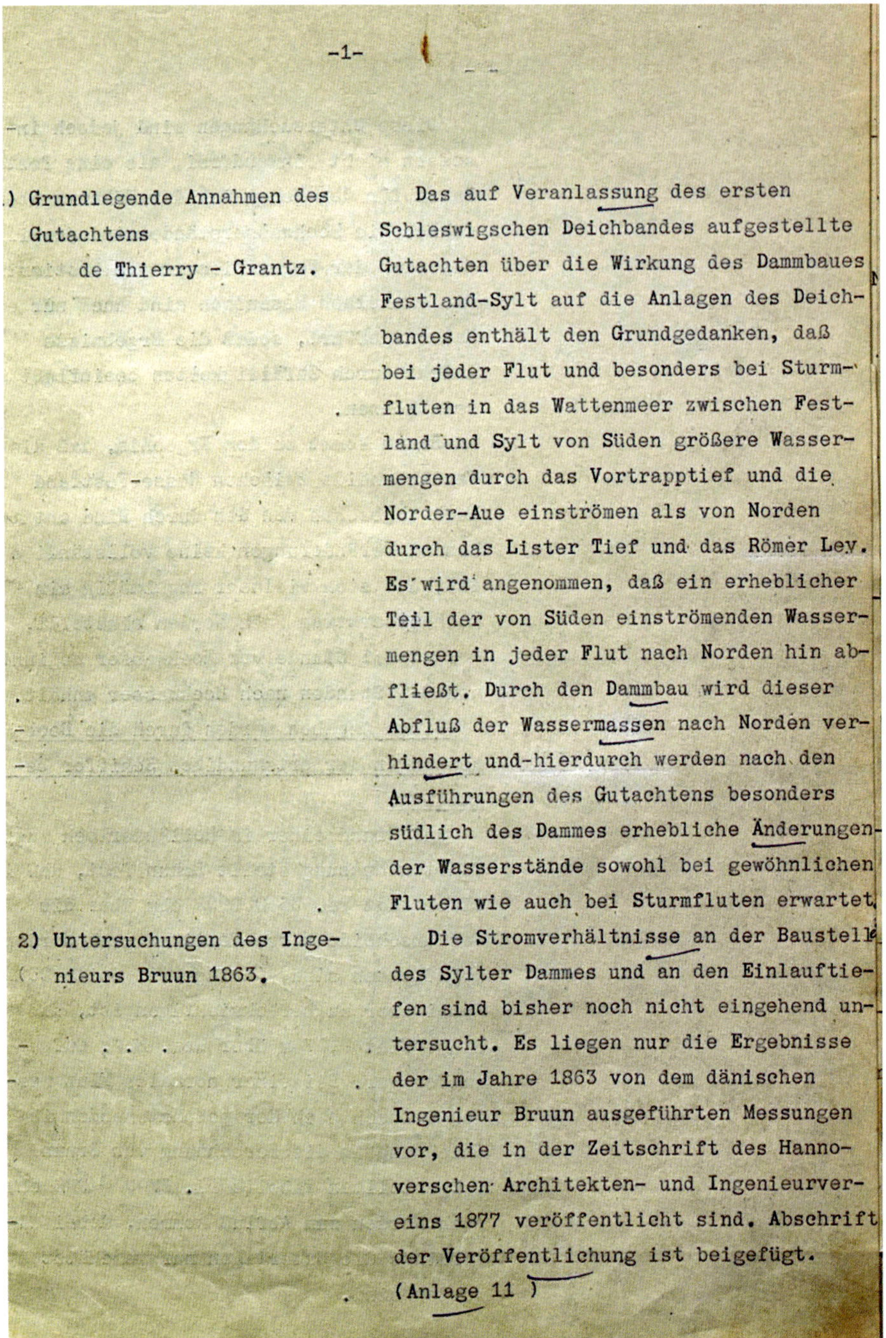

-1-

1) Grundlegende Annahmen des Gutachtens de Thierry - Grantz.

Das auf Veranlassung des ersten Schleswigschen Deichbandes aufgestellte Gutachten über die Wirkung des Dammbaues Festland-Sylt auf die Anlagen des Deichbandes enthält den Grundgedanken, daß bei jeder Flut und besonders bei Sturmfluten in das Wattenmeer zwischen Festland und Sylt von Süden größere Wassermengen durch das Vortrapptief und die Norder-Aue einströmen als von Norden durch das Lister Tief und das Römer Ley. Es wird angenommen, daß ein erheblicher Teil der von Süden einströmenden Wassermengen in jeder Flut nach Norden hin abfließt. Durch den Dammbau wird dieser Abfluß der Wassermassen nach Norden verhindert und hierdurch werden nach den Ausführungen des Gutachtens besonders südlich des Dammes erhebliche Änderungen der Wasserstände sowohl bei gewöhnlichen Fluten wie auch bei Sturmfluten erwartet.

2) Untersuchungen des Ingenieurs Bruun 1863.

Die Stromverhältnisse an der Baustelle des Sylter Dammes und an den Einlauftiefen sind bisher noch nicht eingehend untersucht. Es liegen nur die Ergebnisse der im Jahre 1863 von dem dänischen Ingenieur Bruun ausgeführten Messungen vor, die in der Zeitschrift des Hannoverschen Architekten- und Ingenieurvereins 1877 veröffentlicht sind. Abschrift der Veröffentlichung ist beigefügt. (Anlage 11)

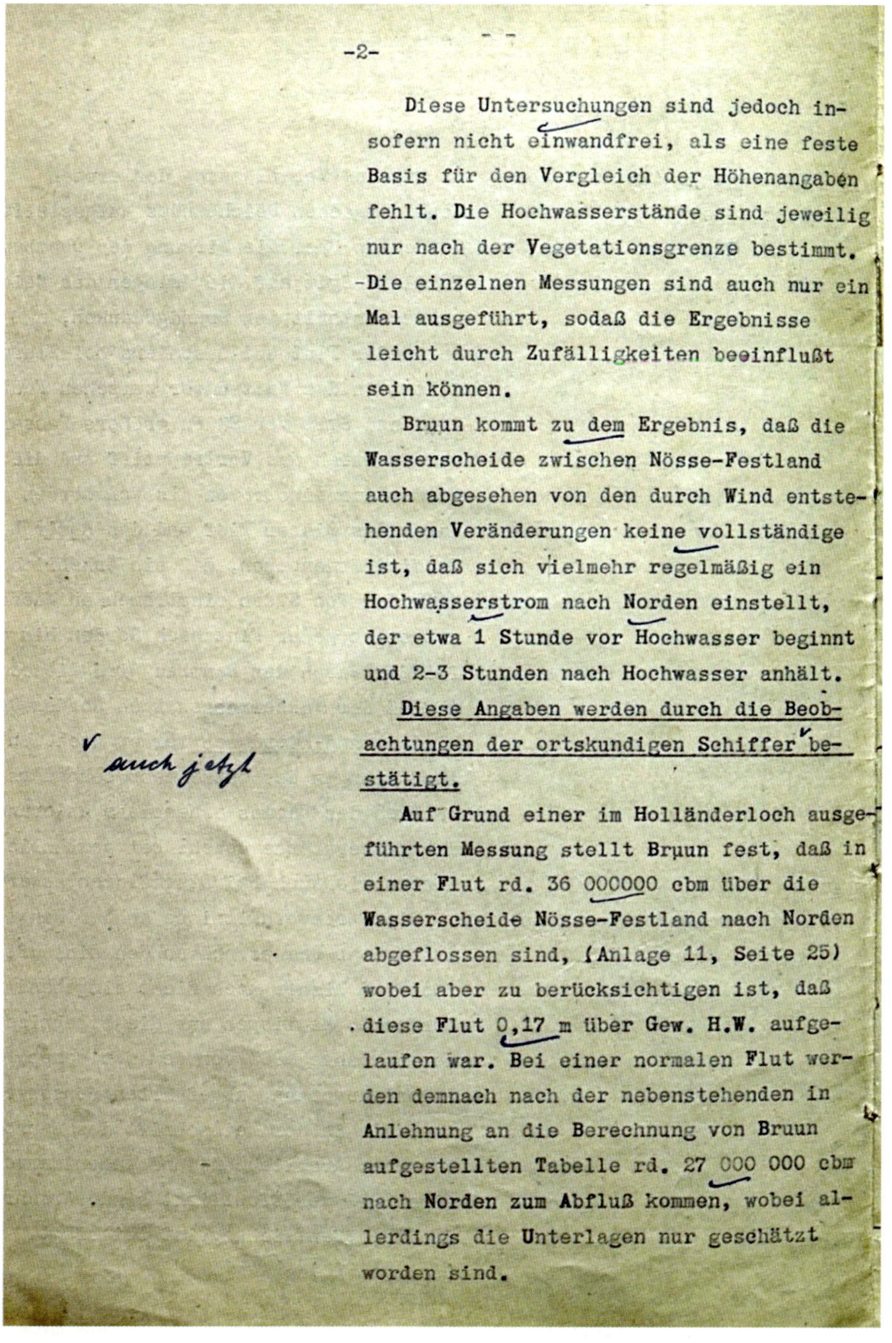

-2-

Diese Untersuchungen sind jedoch insofern nicht einwandfrei, als eine feste Basis für den Vergleich der Höhenangaben fehlt. Die Hochwasserstände sind jeweilig nur nach der Vegetationsgrenze bestimmt. Die einzelnen Messungen sind auch nur ein Mal ausgeführt, sodaß die Ergebnisse leicht durch Zufälligkeiten beeinflußt sein können.

Bruun kommt zu dem Ergebnis, daß die Wasserscheide zwischen Nösse-Festland auch abgesehen von den durch Wind entstehenden Veränderungen keine vollständige ist, daß sich vielmehr regelmäßig ein Hochwasserstrom nach Norden einstellt, der etwa 1 Stunde vor Hochwasser beginnt und 2-3 Stunden nach Hochwasser anhält. Diese Angaben werden durch die Beobachtungen der ortskundigen Schiffer bestätigt.

✓ auch jetzt

Auf Grund einer im Holländerloch ausgeführten Messung stellt Bruun fest, daß in einer Flut rd. 36 000000 cbm über die Wasserscheide Nösse-Festland nach Norden abgeflossen sind, (Anlage 11, Seite 25) wobei aber zu berücksichtigen ist, daß diese Flut 0,17 m über Gew. H.W. aufgelaufen war. Bei einer normalen Flut werden demnach nach der nebenstehenden in Anlehnung an die Berechnung von Bruun aufgestellten Tabelle rd. 27 000 000 cbm nach Norden zum Abfluß kommen, wobei allerdings die Unterlagen nur geschätzt worden sind.

Laut Berechnungen stellte Bruun fest, dass bei einer Flut 36.000.000 cbm über die Wasserscheide Nösse Festland Holländer Loch, nach Norden abfließen.

Der südliche Teil des Wattenmeeres, begrenzt durch den zu bauenden Damm, hat eine Fläche von 380 qkm.

-3-

Die Ergebnisse der Untersuchungen Bruun's scheinen bei der Aufstellung des Gutachtens mit verwendet zu sein, wie nach der von Bruun benutzten, von dem Gutachten übernommenen Bezeichnung „Fahrtrapptief" für das jetzt in den Seekarten gebräuchliche „Vortrapptief" zu schließen ist.

3) Bei normaler Flut südlich des Dammes einströmende Wassermengen und Abfluß nach Norden.

Der südlich durch die Linie Hörnum-Föhr-Dagebüll, nördlich durch den zu erbauenden Sylter Damm begrenzte Teil des Wattenmeeres hat eine Größe von rd. 380 qkm, wie durch planimetrische Ermittelung nach der Seekarte (Anlage 1, hellblau umränderte Fläche) festgestellt ist.

Von dieser Fläche sind 250 qkm Wattflächen, die im Mittel 0,5 m über Gew. Niedrigwasser liegen. Der mittlere Tidenhub beträgt 1,7 m, sodaß die Wattflächen bei gew. Hochwasser im Mittel 1,7 - 0,5 = 1,2 m überflutet werden. Der Rest der Gesamtfläche in Größe von 130 qkm (Anlage 1 dunkelblau umränderte Fläche) bilden die Einlauftiefe, bei denen zwischen Niedrig- & Hochwasser der volle Tidenhub von 1,7 m zur Geltung kommt.

In die bezeichnete Flächen strömen demnach in einer normalen Flut folgende Wassermengen ein:

250 qkm Wattflächen im Mittel 0,5 m über Niedrigwasser gelegen mit rd. 1,70 - 0,5 = 1,2 m Tidenhub

250 000 000 . 1,2 = 300 000 000 cbm

-4-

130 qkm Einlauftiefe mit vollem Tidenhub von rd. 1,70 m

130 000 000 . 1,7 = 220 000 000 cbm

zusammen 520 000 000 cbm

Von dieser im Süden einströmenden Wassermenge kommen nach den vorstehenden Annahmen rd. 27,000,000 cbm über die Wasserscheide Festland-Nösse nach Norden zum Abfluß, das sind $\frac{27}{5,2}$ = 5,19 %.

4) Noch erforderliche Untersuchungen.

Um genaue Aufschlüsse über die Flutverhältnisse an der Dammbaustelle zu bekommen, ist es notwendig, daß die Stromverhältnisse dort durch mehrfache Wassermengenmessungen bei verschiedenen Mondphasen und Windrichtungen untersucht werden. Es muß ferner festgestellt werden, wo die im Süden und im Norden von Sylt in das Wattenmeer eintretenden Flutwellen zusammentreffen und wo bei eintretender Ebbe die Flut kentert, ferner welche Wassermengen von Süden nach Norden durch das Wattenmeer abfließen.

Außerdem müssen die Strömungsverhältnisse an den Einlauftiefen, Vortrapptief, Föhrer Ley, Lister Tief und Römer Ley im Norden und Süden des in Frage kommenden Beckens des Wattenmeeres eingehend untersucht werden, wobei die Wassergeschwindigkeitsmessungen an den Haupteinlauftiefen, dem Vortrapptief und dem Lister Tief, soweit möglich, gleichzeitig auszu-

Die von Süden über die Wasserscheide Festland-Nösse nach Norden einströmende Wassermenge beträgt laut Berechnungen bei Flut 27.000.000 cbm.

auszuführen sind.

Um die Aufzeichnungen der im Westerley, im Osterley, bei Munkmarsch und bei Hörnum erbauten selbstzeichnenden Pegel verwerten zu können, ist es notwendig, diese Pegel durch Feinnivellement an N.N. anzuschließen. Nach längerer Betriebszeit der Pegel wird die Höhenlage der Gew. Hoch- und Niedrigwasserstände in der Nähe der Dammbaustelle dann genau festgestellt und auch ein genauerer Einblick über den Verlauf der Sturmfluten gewonnen werden können.

Diese Beobachtungen sind auch wertvoll für die Untersuchung der Wasserverhältnisse im Wattengebiet.

Zu den Ausführungen des Gutachtens kann im Einzelnen bereits folgendes bemerkt werden:

5) Haupteinströmungstiefe.

Die Annahme, daß im Süden des fraglichen Teiles des Wattenmeeres 2 „Einströmungstiefe", das Vortrapptief und die Norderaue, vorhanden sind, während im Norden nur ein Einströmungstief, das Lister Tief vorhanden ist, ist nicht zutreffend. Die Norderaue hat in ihrer Verlängerung, dem Föhrer Ley zwischen Föhr und dem Festland nur in einer schmalen Fahrrinne (Priel) 1,8 m Tiefe bei gew. Hochwasser, (Tidenhub), während der übrige Teil hohe Wattflächen bildet, ähnlich wie sie sich zwischen Röm und dem Festland finden (vergl. Seekarte).Anlage 1)

Der einzigXe Unterschied besteht /darin

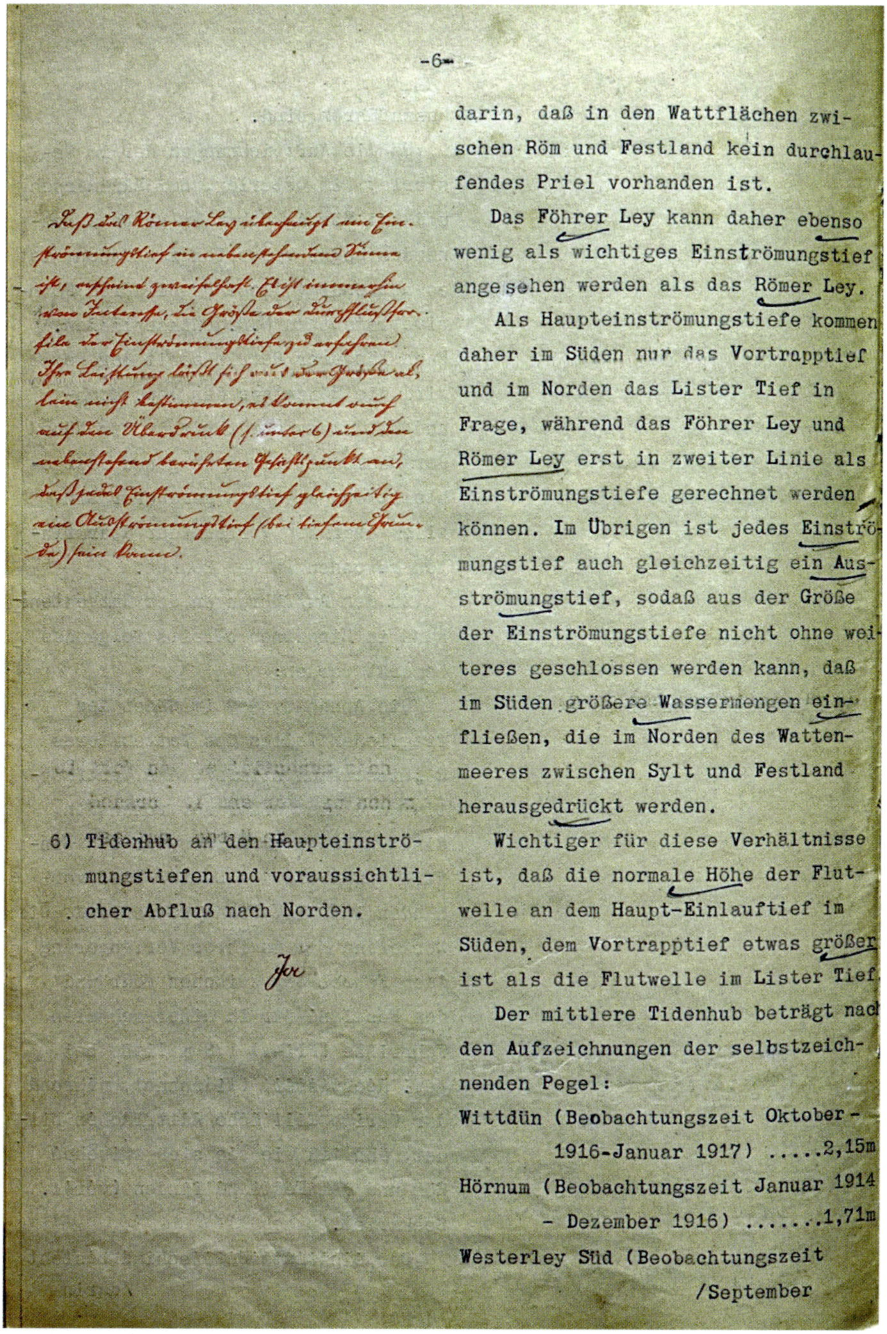

-6-

Daß das Römer Ley überhaupt ein Einströmungstief in nennenswertem Sinne ist, erscheint zweifelhaft. Es ist immerhin von Interesse, die Größe der Durchflußprofile der Einströmungstiefe zu erfahren. Ihre Leistung läßt sich aus dem Profil allein nicht bestimmen, es kommt auch auf den Überdruck (s. unter 6) und den nebenstehend berührten Gesichtspunkt an, daß jedes Einströmungstief gleichzeitig ein Ausströmungstief (bei tieferem Strom...) sein kann.

6) Tidenhub an den Haupteinströmungstiefen und voraussichtlicher Abfluß nach Norden.

Jor

darin, daß in den Wattflächen zwischen Röm und Festland kein durchlaufendes Priel vorhanden ist.

Das Föhrer Ley kann daher ebenso wenig als wichtiges Einströmungstief angesehen werden als das Römer Ley.

Als Haupteinströmungstiefe kommen daher im Süden nur das Vortrapptief und im Norden das Lister Tief in Frage, während das Föhrer Ley und Römer Ley erst in zweiter Linie als Einströmungstiefe gerechnet werden können. Im Übrigen ist jedes Einströmungstief auch gleichzeitig ein Ausströmungstief, sodaß aus der Größe der Einströmungstiefe nicht ohne weiteres geschlossen werden kann, daß im Süden größere Wassermengen einfließen, die im Norden des Wattenmeeres zwischen Sylt und Festland herausgedrückt werden.

Wichtiger für diese Verhältnisse ist, daß die normale Höhe der Flutwelle an dem Haupt-Einlauftief im Süden, dem Vortrapptief etwas größer ist als die Flutwelle im Lister Tief.

Der mittlere Tidenhub beträgt nach den Aufzeichnungen der selbstzeichnenden Pegel:

Wittdün (Beobachtungszeit Oktober 1916-Januar 1917) 2,15m

Hörnum (Beobachtungszeit Januar 1914 - Dezember 1916) 1,71m

Westerley Süd (Beobachtungszeit /September

„Als Haupteinströmungstiefe kommt im Süden das Vortrapptief und im Norden das Lister Tief in Frage. (...)
Im Übrigen ist jedes Einströmungstief gleichzeitig auch ein Ausströmungstief und kann, je nach Tiefe, nicht ohne weiteres geschlossen werden.“

„Da die im Süden bei Hörnum in das Wattenmeer eindringende Flutwelle im Mittel 12 cm höher als die im Norden einlaufende ist und daher größere Stoßkraft besitzt, ist wahrscheinlich, dass im Norden größere Wassermassen herausgedrückt werden, als dort einfließen.“

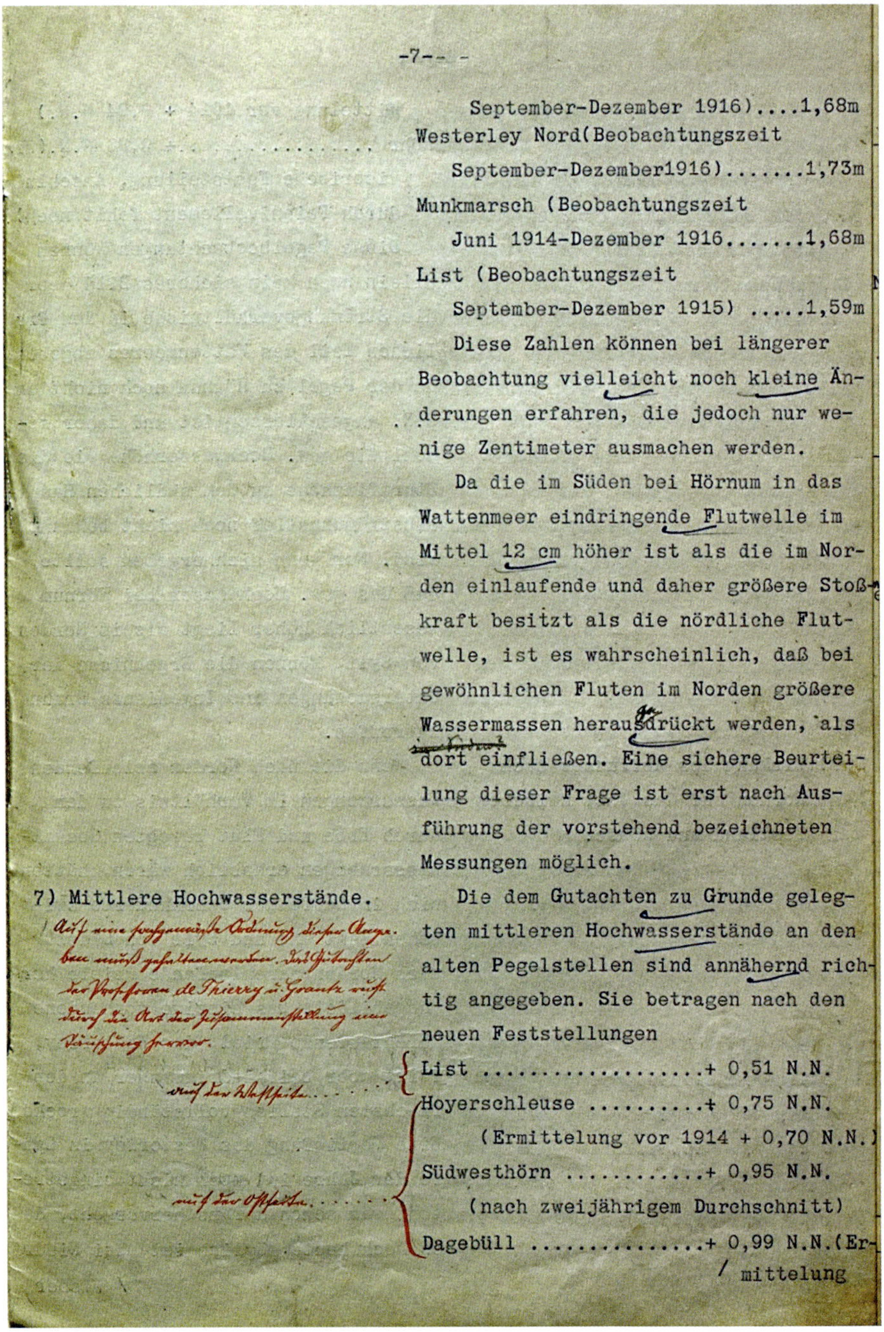

-7-- -

September-Dezember 1916)....1,68m

Westerley Nord(Beobachtungszeit

September-Dezember1916).......1,73m

Munkmarsch (Beobachtungszeit

Juni 1914-Dezember 1916.......1,68m

List (Beobachtungszeit

September-Dezember 1915) 1,59m

Diese Zahlen können bei längerer Beobachtung vielleicht noch kleine Änderungen erfahren, die jedoch nur wenige Zentimeter ausmachen werden.

Da die im Süden bei Hörnum in das Wattenmeer eindringende Flutwelle im Mittel 12 cm höher ist als die im Norden einlaufende und daher größere Stoßkraft besitzt als die nördliche Flutwelle, ist es wahrscheinlich, daß bei gewöhnlichen Fluten im Norden größere Wassermassen herausgedrückt werden, als dort einfließen. Eine sichere Beurteilung dieser Frage ist erst nach Ausführung der vorstehend bezeichneten Messungen möglich.

7) Mittlere Hochwasserstände.

Auf eine sachgemäße Ordnung dieser Angaben muß gehalten werden. Die Gutachten der Professoren de Thierry u. Franzius rufen durch die Art der Zusammenstellung eine Täuschung hervor.

Die dem Gutachten zu Grunde gelegten mittleren Hochwasserstände an den alten Pegelstellen sind annähernd richtig angegeben. Sie betragen nach den neuen Feststellungen

auf der Westseite ... List ....+ 0,51 N.N.

auf der Ostseite ...

Hoyerschleuse ....+ 0,75 N.N.

(Ermittelung vor 1914 + 0,70 N.N.)

Südwesthörn ....+ 0,95 N.N.

(nach zweijährigem Durchschnitt)

Dagebüll ....+ 0,99 N.N.(Ermittelung

mittelung vor 1914 + 0,94 N.N.)
Föhr ....+ 0,83 N.N.(Provisorische Feststellung, Anschluß durch Feinnivellement fehlt noch).

Diese Pegelbeobachtungen können allein noch kein sicheres Bild über die Strömungsverhältnisse in dem fraglichen Teil des Wattenmeeres abgeben, da der Pegel zu Hörnum noch nicht an N.N. angeschlossen ist und daher sowohl die gew. Hochwasserhöhe wie die Sturmfluthöhe an dem südlichen Haupteinströmungstief noch nicht bekannt sind. Nur wenn sich ergeben sollte, daß das gew. Hochwasser bei Hörnum wesentlich höher liegt als im Norden von Sylt, können die Ergebnisse der Untersuchungen des Ingenieurs Bruun zutreffen.

8) Wirkung des Abflusses nach Norden auf das Watt zwischen Festland und Nösse.

Wenn die nach Norden ablaufenden Wassermengen im Verhältnis zu den durch Ebbe und Flut bewegten Gesamtwassermengen erheblich wären, hätten sich im Laufe der Jahrhunderte zwischen Festland und Sylt von Süden nach Norden durchlaufende Priele herausgebildet. Das einzige vorhandene durchlaufende Priel, das Westerley, fällt aber bei Niedrigwasser an den flachsten Stellen vollständig trocken. Eine Vertiefung des Westerley im Laufe der Jahre ist ~~noch~~ nicht eingetreten, was schon daraus hervorgeht, daß es noch heute möglich ist, bei Niedri-

/ wasser

Die Fließgeschwindigkeit bei dem nach Norden gerichteten Wasserstrom ist im Westerley am stärksten.

-9-

wasser von Nösse aus unter Durchquerung des Westerley zu Fuß nach dem Festlande zu gehen. Der nach Angabe von Bruun (Anlage 11, Seite 21) früher benutzte und 1863 bereits eingegangene Schlickweg von Nösse nach dem Festlande könnte noch heute benutzt werden, wenn er nicht durch die verbesserten Verkehrsverhältnisse zwischen Sylt und dem Festlande hinfällig geworden wäre.

Die beiden anderen vom Süden bis an die Dammbaustelle kommenden Tiefe, das Holländerloch und das Osterley, laufen in der Nähe der Wasserscheide vollständig tot.

Die Geschwindigkeit des nach Norden abströmenden Wassers muß auf alle Fälle so gering sein, daß die Sohle des Wattenmeeres nicht angegriffen wird.

Bruun hat als größte Oberflächen-Geschwindigkeit bei dem nach Norden gerichteten Hochwasserstrom mit dem Log ermittelt (Anlage 11, Seite 31)

1) im Osterley	0,31 m/Sek.
2) im Holländer Loch	0,32 m/Sek.
3) im Westerley	0,41 m/Sek.

Wenn durch die auszuführenden Messungen und Untersuchungen die Ergebnisse des Ingenieurs Bruun bestätigt werden sollten und ferner sich herausstellen sollte, daß zwischen Föhr und Festland ebenfalls ein nach Nor-
/den

den gerichteter Hochwasserstrom vorhanden ist, wird nach Erbauung des Sylter Dammes im ungünstigen Falle folgender Zustand eintreten:

9) Künftige mittlere Hochwasserstände am Damm.

Das bei den jetzigen Verhältnissen sich mit Spiegelgefälle von Dagebüll über Südwesthörn nach Hoyerschleuse einstellende mittlere Hochwasser wird sich von Dagebüll um ein geringes Maß nach dem Damm zu aufstauen, wie es unten skizziert ist.

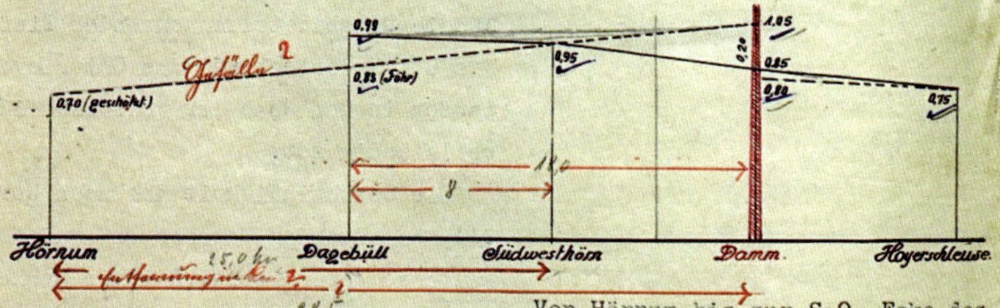

Von Hörnum bis zur S.O. Ecke des Dammes wird der Hochwasserspiegel ~~voraussichtlich~~ gleichmässig ansteigen.

An der Südseite des Dammes wird also der mittlere Hochwasserstand sich um rd. 20 cm auf + 1,05 N.N. aufhöhen.

An der Nordseite wird er dagegen etwa um 5 cm niedriger werden als bisher, etwa + 0,80 N.N.

Die Höhenunterschiede bei Hochwasser nördlich und südlich des Dammes werden sich bei S.W.Winden etwas vergrößern, bei N.W.Winden verringern bezw. ausgleichen.

/Da

An der Südseite das Dammes wird der mittlere Hochwasserstand nach diesen Berechnungen um rund 20 cm auf + 1,05 N.N. höher auflaufen als von der Nordseite.

„An der Nordseite wird er dagegen etwa um 5 cm niedriger werden als bisher, etwa + 0,80 N.N."

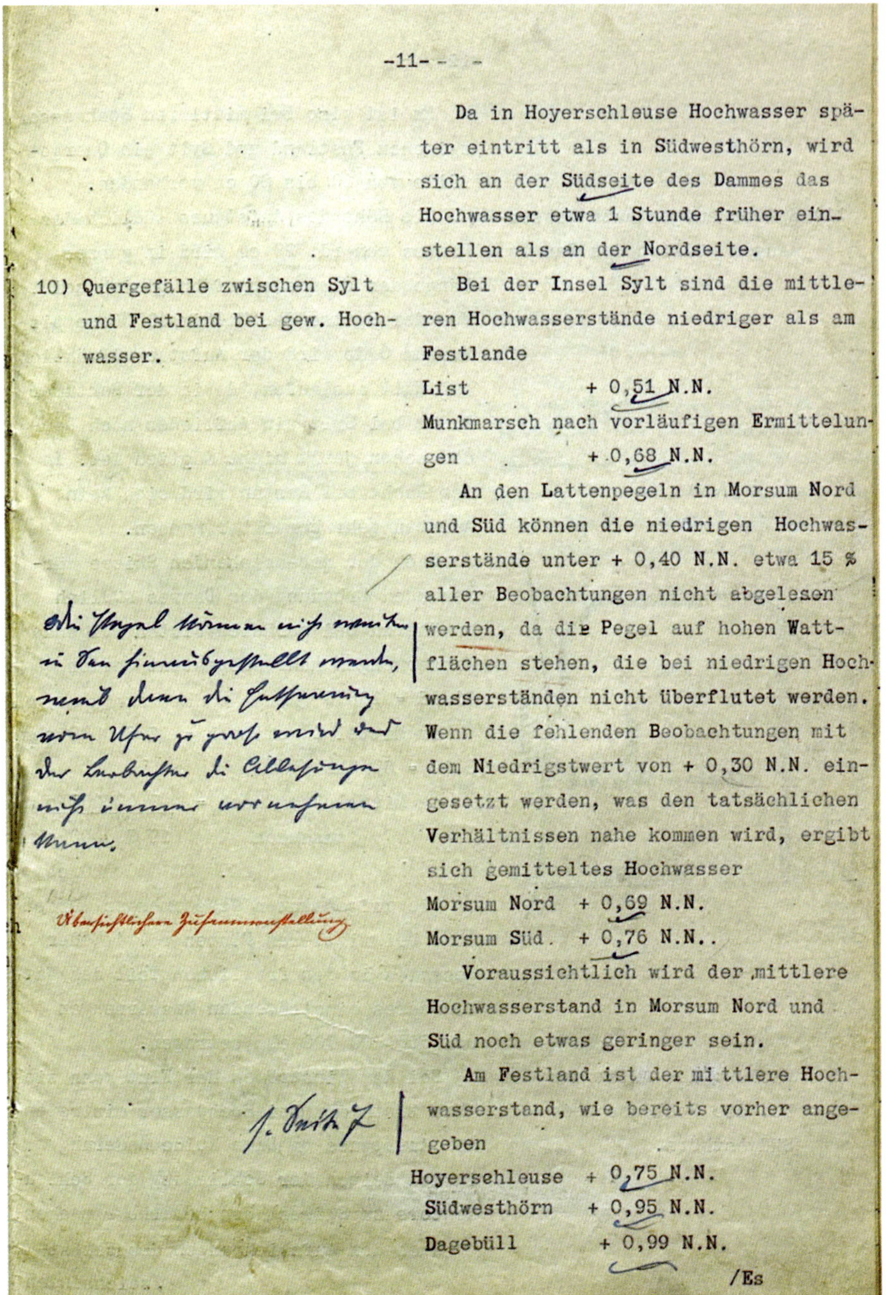

-11-

Da in Hoyerschleuse Hochwasser später eintritt als in Südwesthörn, wird sich an der Südseite des Dammes das Hochwasser etwa 1 Stunde früher einstellen als an der Nordseite.

10) Quergefälle zwischen Sylt und Festland bei gew. Hochwasser.

Bei der Insel Sylt sind die mittleren Hochwasserstände niedriger als am Festlande

List + 0,51 N.N.

Munkmarsch nach vorläufigen Ermittelungen + 0,68 N.N.

An den Lattenpegeln in Morsum Nord und Süd können die niedrigen Hochwasserstände unter + 0,40 N.N. etwa 15 % aller Beobachtungen nicht abgelesen werden, da die Pegel auf hohen Wattflächen stehen, die bei niedrigen Hochwasserständen nicht überflutet werden. Wenn die fehlenden Beobachtungen mit dem Niedrigstwert von + 0,30 N.N. eingesetzt werden, was den tatsächlichen Verhältnissen nahe kommen wird, ergibt sich gemitteltes Hochwasser

Morsum Nord + 0,69 N.N.

Morsum Süd + 0,76 N.N..

Voraussichtlich wird der mittlere Hochwasserstand in Morsum Nord und Süd noch etwas geringer sein.

Am Festland ist der mittlere Hochwasserstand, wie bereits vorher angegeben

Hoyerschleuse + 0,75 N.N.

Südwesthörn + 0,95 N.N.

Dagebüll + 0,99 N.N.

/Es

Es ist also bei mittlerem Hochwasser zwischen Festland und Sylt ein Quergefälle von 10 bis 20 cm vorhanden.

11) Später aufgestaute Wassermengen südlich des Dammes.

Die Höhe des Aufstaues südlich des Dammes von rd. 20 cm wird in ganzer Länge des Dammes ungefähr gleich sein. Von der Spitze der Halbinsel Nösse bis Morsum Odde wird der Aufstau allmählich auf Null auslaufen, da in der Rantumer Bucht bei Sylt ein Abfließen nach Norden schon jetzt nicht möglich ist. In der Bucht bei Rantum wird sich kein Aufstau mehr bemerkbar machen.

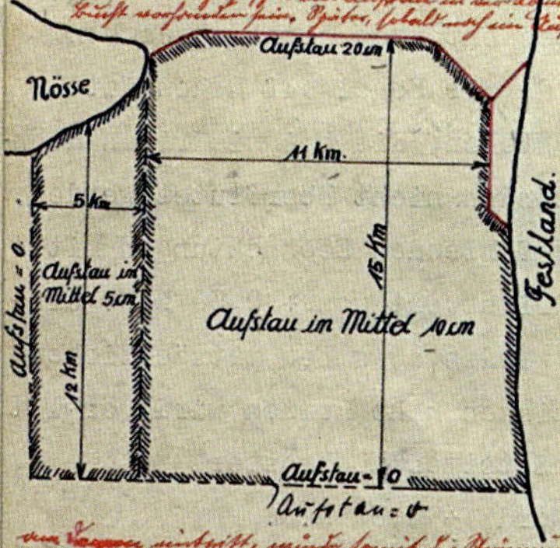

Nach der nebenstehenden Skizze würden nach Erbauung des Dammes südlich annähernd bei normalen Fluten folgende Wassermengen mehr aufgestaut werden

11.15 = 165,0 qkm

im Mittel 10 cm hoch = 16 500000 cbm

5.12 = 60 qkm

im Mittel 5 cm hoch = 3 000000 cbm

zusammen 19 500000 cbm

rd. 20 000 000 cbm

Die aufgestauten Wassermengen würden also bei mittleren Fluten rd. 4 % der gesamten in den fraglichen Teil des Wattenmeeres einströmenden Wassermengen von 520 000 000 cbm betragen.

12) Wirkung des Aufstaues auf die Schleuse bei Südwesthörn.

Bei dem Einströmen der Flut kann sich aber trotz des bei Hochwasser eintretenden Aufstaues am Damm keine Änderung in den Zeiten der Schließung der Schleusentore zu Südwesthörn bemerkbar machen.

Nach den Aufzeichnungen des selbst-

/zeichnenden

zeichnenden Pegels zu Südwesthörn im Jahre 1916 haben sich die Schleusentore zu Südwesthörn bei folgenden Außenwasserständen geschlossen

Jahresmittel 1916 . . . -0,42 N.N.
Sommer April-September 1916 -0,58N.N.
Wintermonaten Januar-März
und Oktober-Dezember 1916 -0,27 N.N.

Das Watt liegt in der Nähe des Dammes vom Festland bis 7,5 km nach Westen im Mittel auf -0,50 N.N.(vergleich Anlage 2).

Wenn man berücksichtigt, daß bei halber Tide, also zur Zeit des Schließens der Schleusentore zwischen Südwesthörn und dem Damm ein Spiegelgefälle von mindestens 20 cm vorhanden ist, so ergibt sich, daß das Watt südlich des Dammes noch nicht völlig unter Wasser ist, wenn sich die Schleusentore schließen.

Das mittlere Hochwasser liegt nach den bisherigen Pegelbeobachtungen bei Südwesthörn +0,92 N.N.

Der Damm kann daher auf das Schließen der Schleusentore keinen Einfluß haben.

Bitte hierzu eine Zeichnung.

Bei dem Eintreten der Ebbe wird infolge des größeren Überdrucks durch den Aufstau des Wasserspiegels am Damm der Ebbestrom stärker als bei den jetzigen Verhältnissen einsetzen, sodaß das Ablaufen der höchstens um 4 % größeren Wassermassen voraussichtlich in der gleichen Zeit wie früher erfolgt. Jedenfalls ist eine merkbare und die Ent-

Sind die großen Profile im Hörnumer Tief-Rantumer Becken möglich?

/wässerung

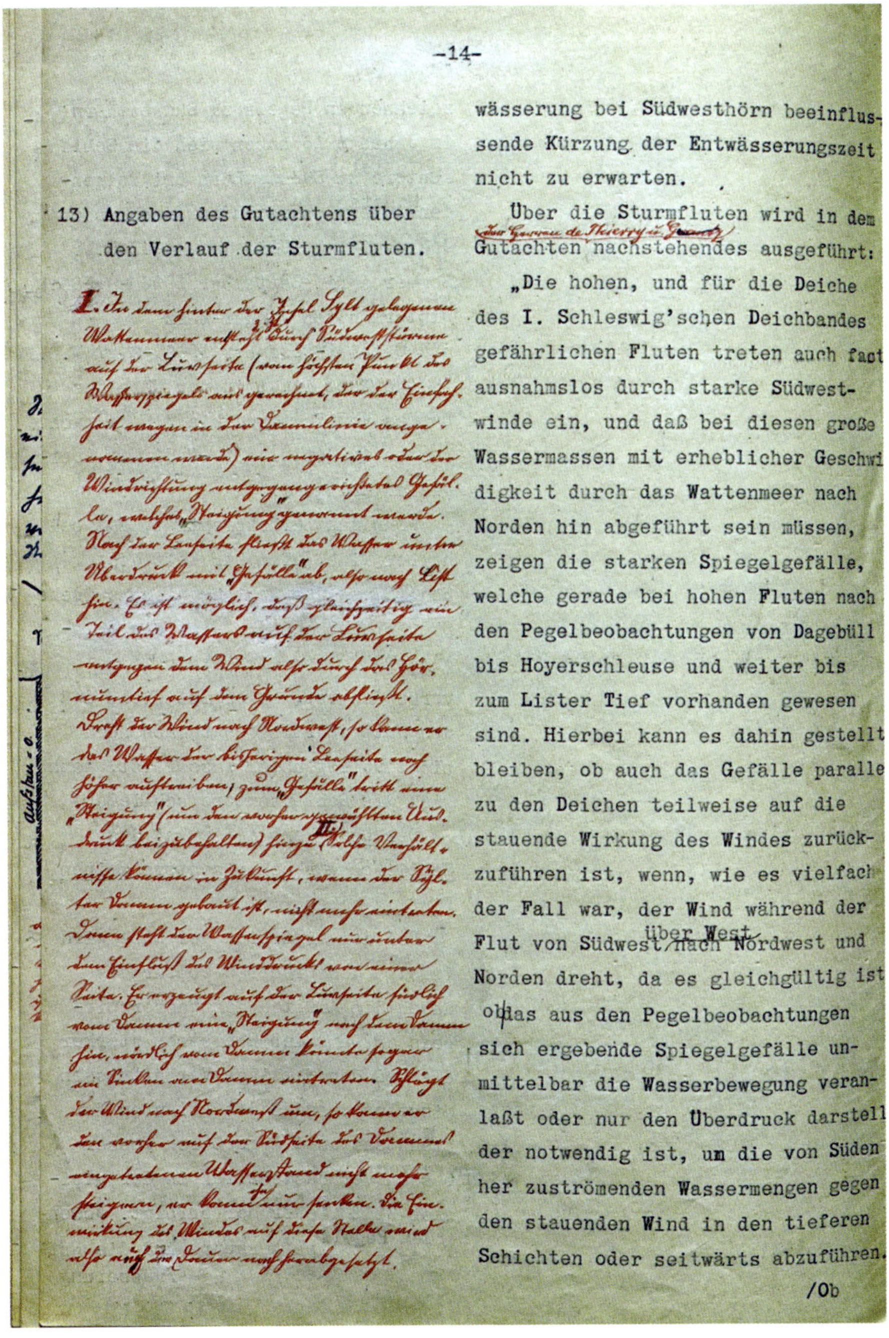

Bei dem Eintreten der Ebbe wird infolge des größeren Überdrucks durch den Aufstau des Wasserspiegels am Damm der Ebbestrom stärker als bei den jetzigen Verhältnissen einsetzen.

Ständige Pegelbeobachtungen gaben Aufschluss über die Wasserbewegung, den Wasserdruck von Nord und Süd unter Berücksichtigung von West und Ostwind.

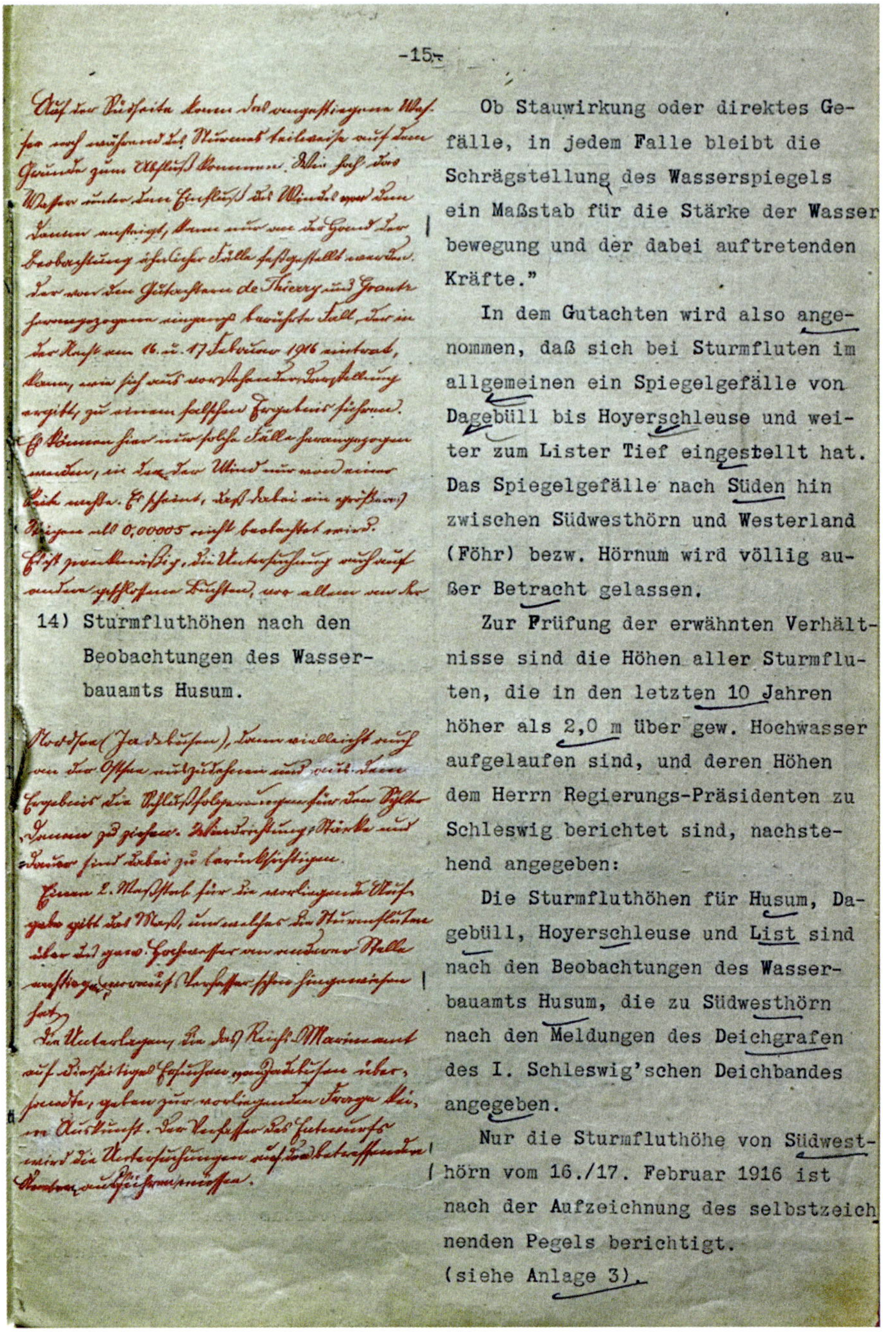

-15-

14) Sturmfluthöhen nach den Beobachtungen des Wasserbauamts Husum.

Ob Stauwirkung oder direktes Gefälle, in jedem Falle bleibt die Schrägstellung des Wasserspiegels ein Maßstab für die Stärke der Wasserbewegung und der dabei auftretenden Kräfte."

In dem Gutachten wird also angenommen, daß sich bei Sturmfluten im allgemeinen ein Spiegelgefälle von Dagebüll bis Hoyerschleuse und weiter zum Lister Tief eingestellt hat. Das Spiegelgefälle nach Süden hin zwischen Südwesthörn und Westerland (Föhr) bezw. Hörnum wird völlig außer Betracht gelassen.

Zur Prüfung der erwähnten Verhältnisse sind die Höhen aller Sturmfluten, die in den letzten 10 Jahren höher als 2,0 m über gew. Hochwasser aufgelaufen sind, und deren Höhen dem Herrn Regierungs-Präsidenten zu Schleswig berichtet sind, nachstehend angegeben:

Die Sturmfluthöhen für Husum, Dagebüll, Hoyerschleuse und List sind nach den Beobachtungen des Wasserbauamts Husum, die zu Südwesthörn nach den Meldungen des Deichgrafen des I. Schleswig'schen Deichbandes angegeben.

Nur die Sturmfluthöhe von Südwesthörn vom 16./17. Februar 1916 ist nach der Aufzeichnung des selbstzeichnenden Pegels berichtigt.
(siehe Anlage 3).

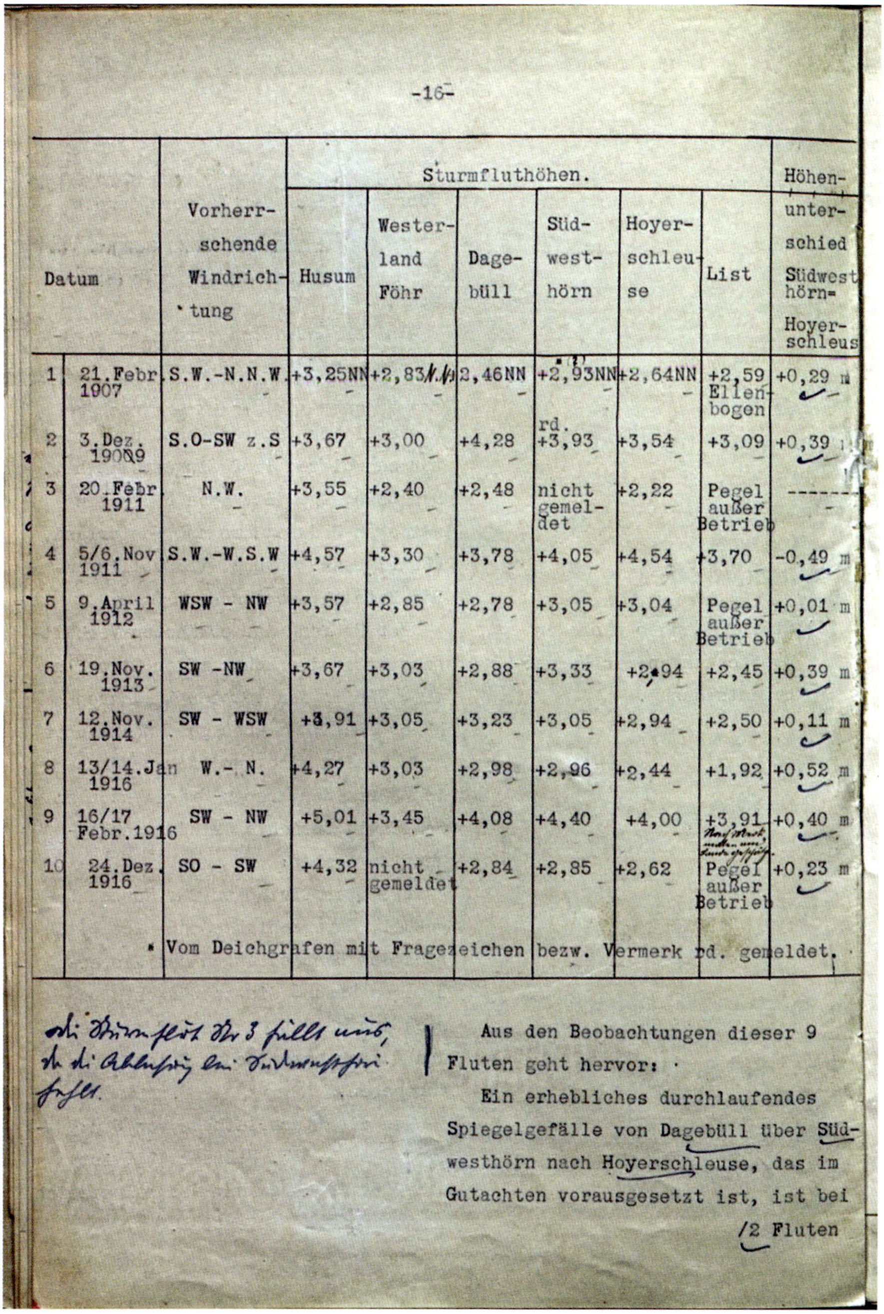
-16-

Datum		Vorherrschende Windrichtung	Sturmfluthöhen. Husum	Westerland Föhr	Dagebüll	Südwesthörn	Hoyerschleuse	List	Höhenunterschied Südwesthörn=Hoyerschleuse
1	21.Febr. 1907	S.W.-N.N.W.	+3,25NN	+2,83N.N	2,46NN	*+2,93NN	+2,64NN	+2,59 Ellenbogen	+0,29 m
2	3.Dez. 1909	S.O-SW z.S	+3,67	+3,00	+4,28	rd. +3,93	+3,54	+3,09	+0,39 m
3	20.Febr. 1911	N.W.	+3,55	+2,40	+2,48	nicht gemeldet	+2,22	Pegel außer Betrieb	-------
4	5/6.Nov. 1911	S.W.-W.S.W	+4,57	+3,30	+3,78	+4,05	+4,54	+3,70	-0,49 m
5	9.April 1912	WSW - NW	+3,57	+2,85	+2,78	+3,05	+3,04	Pegel außer Betrieb	+0,01 m
6	19.Nov. 1913	SW -NW	+3,67	+3,03	+2,88	+3,33	+2,94	+2,45	+0,39 m
7	12.Nov. 1914	SW - WSW	+3,91	+3,05	+3,23	+3,05	+2,94	+2,50	+0,11 m
8	13/14.Jan 1916	W.- N.	+4,27	+3,03	+2,98	+2,96	+2,44	+1,92	+0,52 m
9	16/17 Febr.1916	SW - NW	+5,01	+3,45	+4,08	+4,40	+4,00	+3,91	+0,40 m
10	24.Dez. 1916	SO - SW	+4,32	nicht gemeldet	+2,84	+2,85	+2,62	Pegel außer Betrieb	+0,23 m

* Vom Deichgrafen mit Fragezeichen bezw. Vermerk rd. gemeldet.

die Sturmflut Nr 3 fällt aus, da die Ablesung bei Südwesthörn fehlt.

Aus den Beobachtungen dieser 9 Fluten geht hervor:

Ein erhebliches durchlaufendes Spiegelgefälle von Dagebüll über Südwesthörn nach Hoyerschleuse, das im Gutachten vorausgesetzt ist, ist bei /2 Fluten

Die Aufzeichnungen der Fluthöhen bei unterschiedlichen Wetter- und Windrichtungs-Konstellationen waren wichtig, um Vorhersagen für zukünftige Sturmfluten zu gewinnen.

Ein Wort des Dankes

Mein besonderer Dank geht an:

Maren Christiansen-Thiessen, die mir die Sammlung ihres Vaters Boy Thiessen, also den Grundstein für diese Arbeit, überlassen hatte (ca. 150 Fotos vom Dammbau, der Familie und historische Schriftstücke).

Wilhelm Borstelmann, Keitum/Sylt und seinem Neffen, Dr. Daniel Ihonor, für einen Baustein, die Erlaubnis zur Übernahme des Aufsatzes „Hans Christian Thomsen und seine Werft in Munkmarsch auf Sylt“, und für historische Fotos u. a. Urkunden aus dem Privat-Archiv. Dr. Daniel Ihonor für die Unterstützung bei der Gestaltung meines Buches.

Sylter Archiv, Westerland/Sylt, Evelin Kreßmann und ihrer Vorgängerin Elisabeth Westmore für sehr kompetente Unterstützung.

Kreisarchiv Nordfriesland, Husum, Frau Almut Ueck.

Frank Deppe, Sylter Journalist, für Fotos und Erzählungen aus Gesprächen mit Boy Thiessen.

Alfred Bartling vom Kulturverein Morsum/Sylt.

Jochen Pförtner, Westerland, für die Fotounterstützung.

Universitätsarchiv der Humboldt-Universität zu Berlin, Dr. Aleksandra Pawliczek.

Lütje Hinrich Thaysen, Archsum/Sylt.

M. Stöver, für die Abdruckgenehmigung des Auszugs aus „Strandungen vor Sylt“ von Wiebke u. Wolfgang Fey, Hans Jürgen Stöver.

Hoffmann und Campe Verlag GmbH, für die Abdruckgenehmigung der Auszüge aus „Sylt – Abenteuer einer Insel“ von Sven Simon.

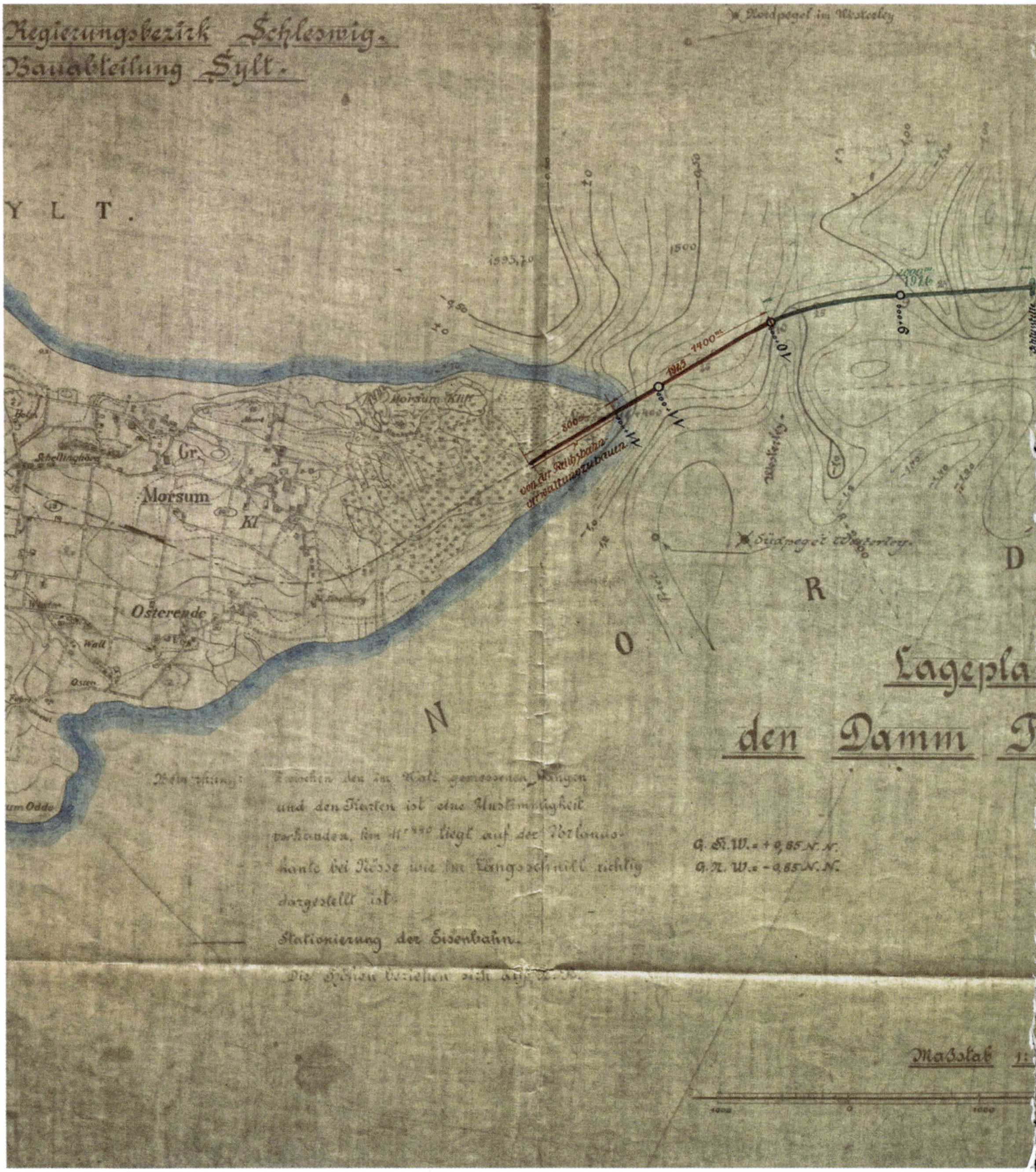

Regierungsbezirk Schleswig.
Bauabteilung Sylt.
Nordpegel im Westerley
YLT.
Morsum Kliff
Gr.
Morsum
Kl
Osterende
Wall
Südpegel Westerley
N
O
R
D
Lagepla
den Damm
dargestellt ist.
Stationierung der Eisenbahn.
G.H.W. = + 0,85 N.N.
G.N.W. = - 0,85 N.N.
Maßstab 1: